走！我们一起去看世界

ZOU WOMEN YIQI QU KANSHIJIE

程力华 主编

方木 张长英 等著

海底深处

HAIDI SHENCHU

北京师范大学出版集团
BEIJING NORMAL UNIVERSITY PUBLISHING GROUP
安徽大学出版社

目录

写给勇敢的读者

亲爱的读者，当你打开本书，意味着勇敢的你将跟随我们的脚步，踏上一段冒险的海洋之旅。我们在想象中走近海洋，潜入海底深处，甚至穿过海洋地壳，来到地心。

在旅行中，我们将近距离地欣赏多彩的海洋世界，探索海底深处的奥秘，感受生命的顽强，思考人与海洋的关系。如果这段旅行能激发你对海洋产生兴趣，那我们的旅行就很有意义。如果这段旅行能为你带来一点点思考，那我们将倍感欣慰。

好了，勇敢的你，准备好了吗？要不，在出发之前，我们先来了解一下旅途中都有什么吧！

主题：我们挑选了近 30 个主题作为这次旅行的主要景点。在这里，我们将遇到许多有趣的海洋生物，看到真实的海底面貌。

图片：每个景点配有 6~10 幅实景图片。这些图片可以帮助你更直观地了解海底深处的面貌，更好地理解所讲的知识。

海底深处 HAIDI SHENCHU

海龟成长历险记

大西洋、太平洋、印度洋 150m

海龟没有牙齿，它们是海洋中最没有伤害力的爬行类动物。然而，海龟的成长历程却充满着各种惊险。

海龟常年遨游在远离陆地的温暖海域，但到了繁殖的季节，海龟会不远千里，来到它们出生的岸边。夜晚降临，海龟的妈妈爬到沙质松软的灌木丛边上，用后肢挖一个洞穴，开始产卵，它们一次能产下几十到100多枚卵。经过2~3个月的孵化，小海龟们纷纷从蛋里破壳而出，但它们发现，妈妈早已走远，从一出生，它们就要靠自己的努力生存下去。

小海龟爬出沙洞，面前是一片广阔的海滩，它们要尽快回到大海里，才有可能活下来。然而，通往大海的海滩上危机四伏，螃蟹、海鸟、蜥蜴等掠食者正虎视眈眈。在这段路程中，1000只小海龟中只有1只能活下来。历尽艰辛，幸运的小海龟终于回到海洋的怀抱，但危险并没有解除。它还得提防随时出现的章鱼、鲨鱼等海洋生物，一不小心，就成了别人的盘中餐。躲避过天敌的袭击，小海龟开始了独自捕食、旅行的生活。海龟的寿命很长，最久能活到150多岁。在它们漫长的一生中，海龟可能还会遇到误食有毒食物、被人类捕杀等各种危险。

绿海龟

绿海龟是一种体型比较大的海龟，分布较广，在我国海域都能见到。绿海龟的壳是茶褐色或暗绿色，食物主要为海草、海藻等，因为体内脂肪含有大量的叶绿素，所以叫作绿海龟。绿海龟是我国重点保护野生动物。

玳瑁

玳瑁主要生活在珊瑚礁海域，它们最喜欢的食物是海绵，也捕食鱼、虾、蟹和软体动物，偶尔也吃海藻。玳瑁头上长有鳞甲，但眼睛没有防护，所以捕食时它们通常闭上眼睛，以免被猎物伤害到。在我国古代，人们喜欢佩戴用玳瑁的背甲制成的饰品。

棱皮龟

棱皮龟又叫革龟，体型巨大，它们是唯一一种没有壳的海龟。棱皮龟的四肢长得像船桨，因此在水中能快速游动，有“游泳健将”的美称。棱皮龟的视力很弱，且没有牙齿，依靠食道内壁的角质皮刺磨碎食物。有时，棱皮龟会误食海面上漂浮的垃圾，造成肠道阻塞后死去。

蠵龟

蠵龟身长1米左右，是一种古老的爬行动物，它的背部棕红或者褐红色，有不规则的土黄色或褐色斑纹，腹部柠檬黄色或黄色。以蠕虫、螺类、虾及小鱼等为食。在我国东海和南海海域有太平洋蠵龟出没。

30

31

小图标：主题所涉及的海域
主题所处大致的海水深度

小档案：为主题提供重要的补充信息，或对重点的内容展开讨论。

起航！

我们赖以生存的地球是太阳系的一颗行星。它的表面分为陆地与海洋两大部分，其中海洋几乎占到地球表面的71%。如果我们乘坐宇宙飞船俯视地球的话，整个地球看上去就像是一个淡蓝色的水球，而陆地则分散在海洋的中间。从表面来看，陆地和海洋似乎是分离的，但实际上，它们相连相通。海洋表面的水蒸气源源不断地进入大气层，形成一片片云飘向陆地，然后以雨雪的形态降落到地面，再经过江河返回海洋。

海洋被人们视为生命的摇篮，它为生命的孕育、诞生、繁衍、进化，提供了条件和可能。从海洋的表面一直到海洋的深处，随处可见各种生物。但长期以来，海洋就像是神话故事里的仙女，被罩上了一层神秘的面纱。

人类自古以来就对海洋充满着好奇，他们从海洋中获取食物，进而跨越海洋进行交流。随着陆地资源的日趋贫乏，人类越来越重视海洋资源的开发和利用。时至今日，可以说人类的生存和发展已经和海洋密不可分，因此越来越多的学者和探险者开始关注、研究、揭秘海洋。

那么现在，就让我们勇敢地跨越海岸线，近距离地触摸海洋，感受它的魅力，并探寻它的奥秘吧！

到海水下面

在一部1700年前的中国史书上，曾记载了渔夫潜入海水中捕鱼的场景。300多年前，一位英国人躲在特制的木桶里成功潜入海面下20米深的地方。此后，人们不断改进潜水服和潜水器，下潜得越来越深，对海洋的了解也越来越多。

太平洋

位　　置：位于亚洲、大洋洲、南美洲、北美洲和南极洲之间

面　　积：17968万平方千米

平均水深：4028米

特　　点：世界上最大、最温暖的大洋。太平洋并不“太平”，经常有台风、恶浪。

大西洋

位　　置：位于南美洲、北美洲、欧洲、非洲和南极洲之间

面　　积：9336.3万平方千米

平均水深：3627米

特　　点：有富饶的大渔场，沿岸聚集着世界各大洲最为发达的国家和地区。

海与洋

通常我们说蔚蓝色的海洋，其实海和洋之间是有区别的。洋是海洋的主体部分，它远离大陆，大多数水深在2000米以上；海是大洋的边缘部分，深度和面积比大洋小得多，海水的温度、盐度、颜色和透明度因所属地区的不同而异。

印度洋

位　　置：位于亚洲、非洲、大洋洲和南极洲之间

面　　积：7491.7万平方千米

平均水深：3897米

特　　点：中国古代称之为“西洋”。大部分地区位于热带，西北部的波斯湾地区储藏了大量的石油。

领海

领海是沿海国家领土的组成部分，不许他国侵犯。中国领海由渤海、黄海、东海、南海组成。内海和边海的水域面积约470万平方千米。海域分布有大小岛屿7600个，其中台湾岛最大，面积35798平方千米。位于台湾岛东北部的钓鱼岛及其附属岛屿是中国人最早发现、命名和利用的，早在明朝就已经被纳入中国海防管辖范围，所以它自古以来就是中国的领土。

北冰洋

位　　置：位于北极圈内

面　　积：1310万平方千米

平均水深：1200米

特　　点：岛屿众多，终年飘雪，大部分海面常年被冰覆盖。

红树林海岸

中国海岸线 0m

如果沿着我国的海岸线行走，从北部的渤海经黄海、东海，到达南部的南海，你就会发现海岸的类型各不相同。有的海岸以岩石为主，有的是由松散的泥沙组成，有的岸边长满树木，有的是由珊瑚礁组成。其中，从福建到海南的海岸边，常长有一丛丛的红树。

红树是一种热带和亚热带海边特有的植物，通常长在柔软的泥质土壤里。涨潮时，海水淹到红树顶部，只露出树叶飘荡在水面上；退潮时，可以看到红树长有许多支柱根，远远望过去，就像是给树安了支架一样。

红树是一种胎生植物。红树的果实在成熟后，里面的种子就开始发芽，长成一条条的幼苗，挂在树枝上。幼苗成熟后，被海风吹落，掉在土壤里，通常几个小时之内就能生根。没有及时在土壤里扎根的幼苗，能随着海水漂流几个月，到很远的地方生长。幼苗逐渐长大，成为红树林的一部分。

红树林是一道绿色的屏障。红树发达的根系能阻止岸边的泥沙被海水带走。红树林还是一个生机勃勃的“生物乐园”，贝类、鱼、蟹、海藻、桡足类等生物在树林里繁殖、生长，海鸟在红树林里觅食、越冬。为了保护红树林，我国建立了许多红树林自然保护区。

海岸线

海岸线是陆地表面与海洋的交界，有的弯弯曲曲，有的像一条笔直的线。中国海岸线长度有 1.8 万千米，居世界的第 4 位。

呼吸根的外表有粗大的气孔，它的内部像海绵一样能贮藏空气。红树被海水淹没时，就通过呼吸根呼吸。

支柱根和呼吸根

组成红树林的植物是海洋中的木本植物，除了红树，还有红海榄、秋茄、桐花树、海桑等。由于它们生长的土壤里盐分含量高，无法提供充足的氧气，红树林植物都长有支柱根或呼吸根。

支柱根向下弯曲成拱形，深扎在泥土中。

桡足类

桡足类是一种小型的甲壳动物，其身体长度一般不超过3毫米，广泛分布在海洋、淡水中。它们浮游在水面，能快速跳跃，以躲避敌人和捕食更小的猎物。

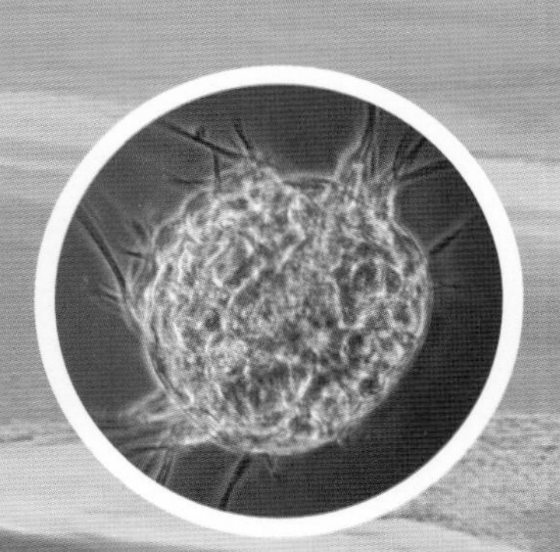

桡足类的数量很大，可以作鱼的饵料。

红树林保护区

中国的红树林主要分布于广西、广东、海南、台湾、福建和浙江南部沿岸。国家级红树林保护区主要有广东深圳福田红树林自然保护区、海南海口东寨港红树林自然保护区、广西合浦县山口红树林自然保护区、广东湛江红树林自然保护区、福建漳江口红树林国家级自然保护区。

逐浪而行

中国东海　1cm

湿润的微风拂面而来，如果你闻到了淡淡的腥味，说明你已经来到了海边。

当然，在与海洋亲密接触之前，你可能还要穿过一片海滩——通常由沙子和小石砾组成，它们是海水用了千万年的时间搬运过来的。海水轻轻拍打着海滩，像哄孩子入睡的母亲。可是海水也不总是那么温柔，有时它们凶狠地涌上来，淹没了海滩，这时人们通常会高喊“涨潮啦”，但很快，海水就会退去，重新让海滩露了出来，人们就说：“哦！退潮了。”

海水退去后，你会发现海滩上多出一些生物，它们有的原本藏在沙子里，被海水冲了出来，如蛤蜊、蛏子等贝类；有的生活在岩石之间的水洼里，被海水推上来，如海蟹；有的则是跟随海水而来，被遗留在海滩上的，如海星、海胆。

海滩上,各种生物都在为生存而忙碌着。不远处的轮船发出“呜呜”的汽笛声，吸引着在海面上寻觅食物的海鸥前来追逐。轮船搅乱平静的海面，泛起白色的浪花，海鸥轻而易举地捕食那些在水面跳跃的小鱼儿。

波光粼粼的海面上，几条飞鱼“突”的跃出来，像离弦的箭一般射了出去。难道鱼儿们耐不住寂寞，想像鸟儿一样展翅飞翔？但紧随其后露出水面的大海鱼，马上推翻了你之前的猜想，原来海面并不如你想象的那么平静。

几只军舰鸟在高空中翻转盘旋，好像是在侦察敌情，又好像是在等待着什么。

一只海燕瞅准机会，叼起一条在海面“飞行”的飞鱼。就在你在心里犹豫着是该为海燕成功捕食而喝彩，还是该为飞鱼丧命而哀悼时，军舰鸟突然横冲直下，以闪电般的速度撞向海燕。后者吓得惊慌失措，只得丢下口中的飞鱼，仓皇而逃。接着，军舰鸟再次急冲而下，熟练地叼走下落中的飞鱼。

不远处，鲸鱼偷偷地露出灰白的脊背，猛然喷射出一道道或垂直或倾斜、或高或低、或粗或细的水柱，似乎在提醒海面上空众多“食客”，它才是海洋的主宰者。

海腥味

海腥味主要来源于一种叫作“三甲胺”的物质。三甲胺存在于海洋生物的粪便或分泌物里，它容易挥发，所以腥味能飘得很远。不过，有些海滩的管理者为了吸引人们去海边度假、晒太阳，会对海水进行处理，使人们闻不到海水的腥味。

海鸥

海鸥是一种常见的海鸟，中等体形，分布于欧洲、亚洲至阿拉斯加及北美洲西部，吃小鱼和其他水生生物。它身体下部的羽毛就像雪一样洁白。除鱼、虾、蟹、贝外，海鸥还爱拣食船上人们丢弃的残羹剩饭，所以海鸥有“海港清洁工”的绰号。

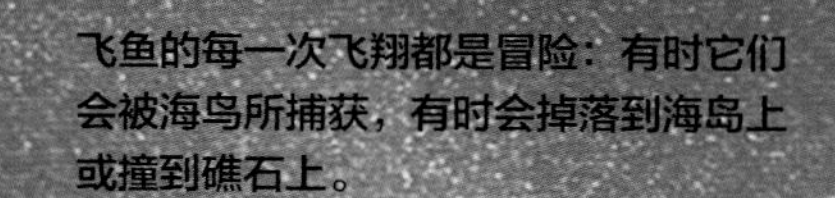

飞鱼的每一次飞翔都是冒险：有时它们会被海鸟所捕获，有时会掉落到海岛上或撞到礁石上。

飞鱼

飞鱼长着像小鸟一样的“翅膀”，那是它们发达的胸鳍。飞鱼能够跃出水面十几米，在空中停留的时间长达 40 秒，最远能飞行 400 米。但实际上飞鱼并不能真正地飞行，它们的“翅膀”不能扇动。飞行是飞鱼的逃生手段之一，为了躲避海豚、金枪鱼等的捕食，飞鱼一边在水中高速游动，一边上浮，接近水面时猛然跃起，整个身体像离弦的箭一样射向空中。

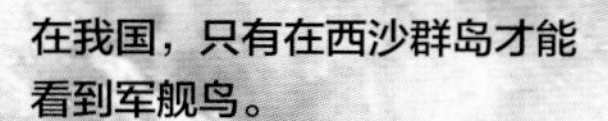

在我国，只有在西沙群岛才能看到军舰鸟。

军舰鸟

军舰鸟是一种大型海鸟，翅膀很长，和鹈鹕是近亲，有 5 种。生活在中国的海域有小军舰鸟、白腹军舰鸟和白斑军舰鸟 3 种。军舰鸟善于飞行，攻击性强，主要以飞鱼为食，经常劫掠其他海鸟的捕获物。军舰鸟的喉部有喉囊，有时雄鸟为了展示魅力，吸引雌鸟，其喉囊会变成鲜红色并鼓起。

翻车鱼

翻车鱼有很多个名字：曼波鱼、头鱼、太阳鱼、月鱼。它们长着又圆又扁的身体，小小的眼睛和嘴巴。它们的主要食物是水母。吃东西时，它们用小小的嘴巴将食物铲起。翻车鱼很会享受惬意的生活，它们经常平躺在水面晒太阳。别看它们长相笨拙，有时它们也会跃出水面。

翻车鱼虽然体形巨大，但性情温和。

一水一世界

中国黄海 5cm

穿过海滩，在触摸到海水的那一刻，我们激动地大喊："海洋，我来啦！"

如果足够好奇，我们可以在海里掬起一捧水，或者用杯子舀起一杯水，观察它们。也许我们看不出它们与家里水龙头里流出的水有什么区别。让我们滴一滴海水在显微镜下来仔细观察，发现一滴海水也是一个精彩的生物世界。这个生物世界里有多种肉眼难以看清的浮游生物，包括甲藻、金藻、蓝藻、硅藻等浮游植物，微型水母、桡足类、毛颚类等浮游动物。除此以外，还有水体病毒、细菌、鱼卵、蟹苗等。

除了少数生活在深层海水，浮游生物大都生活在海水的表层。千万不要小瞧这些不起眼的小家伙，在海洋生态系统中，浮游生物的地位可是十分重要的。浮游植物是初级生产者，它们通过光合作用，制造有机物，成为食物链的第一个环节；浮游动物以浮游植物为食，是食物链的第二个环节。浮游植物和浮游动物的数量，共同决定着海洋鱼类和其他水产动物的数量。

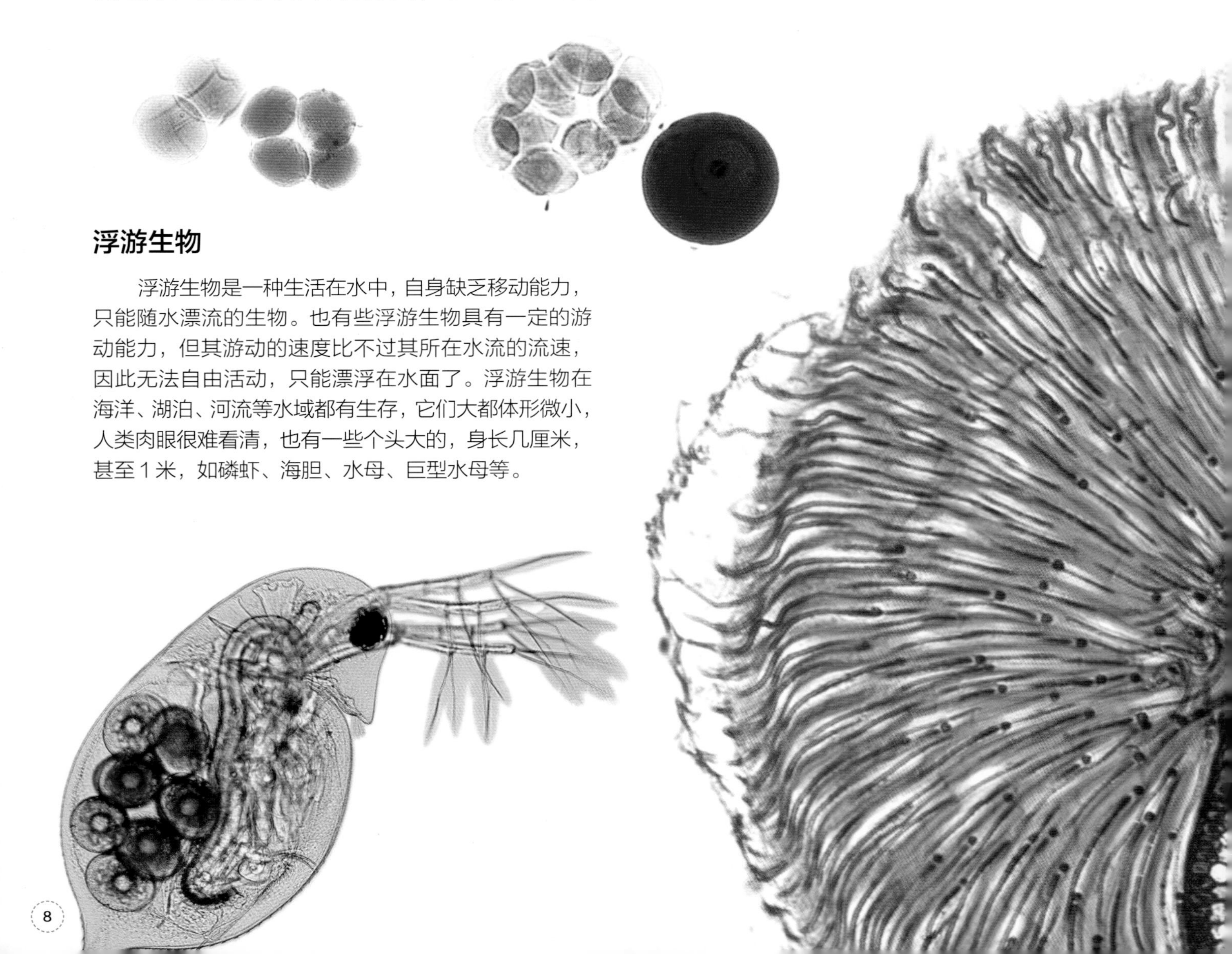

浮游生物

浮游生物是一种生活在水中，自身缺乏移动能力，只能随水漂流的生物。也有些浮游生物具有一定的游动能力，但其游动的速度比不过其所在水流的流速，因此无法自由活动，只能漂浮在水面了。浮游生物在海洋、湖泊、河流等水域都有生存，它们大都体形微小，人类肉眼很难看清，也有一些个头大的，身长几厘米，甚至 1 米，如磷虾、海胆、水母、巨型水母等。

硅藻

硅藻是一种常见的浮游植物，不管是在海洋、陆地上的淡水水域还是在泥土中，甚至在潮湿的大气中都有它的身影。硅藻种类多、数量大，占浮游生物的60%以上，想要计算出地球的海洋中存活着多少硅藻，几乎是不可能的。硅藻是单细胞生物，外表由坚固的硅质细胞壁包裹，不会被分解。在显微镜下观察，硅藻细胞壁上有许多微小的空隙。硅藻死亡后，细胞壁会沉入水底，经过亿万年的积累，变成硅藻土。硅藻土的用途广泛，可以被制成过滤剂和隔音、隔热材料。

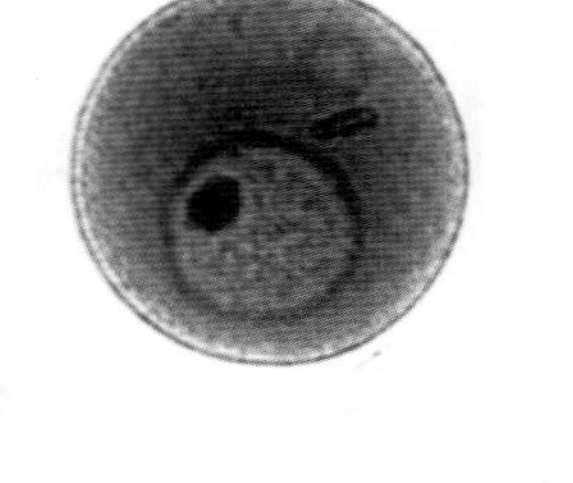

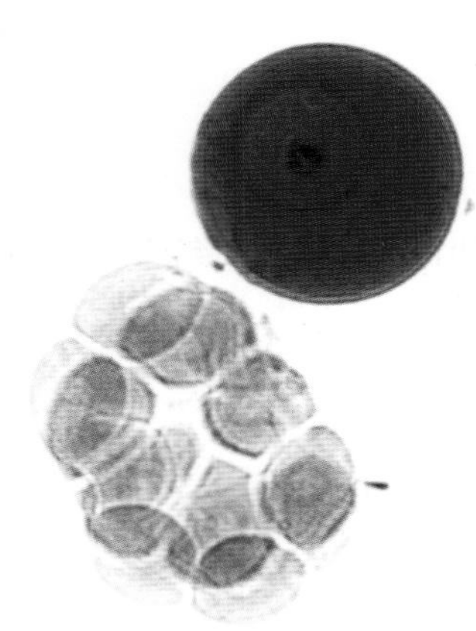

蓝藻

蓝藻又叫“蓝绿藻”“蓝细菌”，这是一种最简单、最原始的单细胞生物，代表了地球上最原始的一种生命形式。早期的地球大气中没有氧气，蓝藻是地球上最早一批进化出的有光合能力的生物。它们吸收阳光，释放出氧气，对地球从无氧环境转变成有氧环境起到了重要作用。

会发光的浮游生物

夜晚的海洋并不是漆黑一片，幽蓝的、火红的光点缀在海面，把大海渲染得格外梦幻、神秘。这些火光是发光浮游生物们在表演，甲藻类是其中重要的成员。浮游生物发光的现象极为普遍，我国自古就有记载，渔民们称之为“海火”。 其中，火花状海火是小型浮游生物受刺激后，不连续间断发光；闪光海火是某些水母受刺激后的瞬间所发的光。

危险的破坏者！

全球海洋 20cm

1502年，一支船队从加勒比海驶来。在最前面的一艘大船上，有一个人正手拿望远镜，向远处眺望，这个人就是哥伦布，他正带领着他的船队进行第四次航海探险。

“不好了，船底渗水了！”一个船员大声向哥伦布报告。

哥伦布只得命令船队靠岸整顿。在对船只进行维护时，船员们发现整个船队的船只都遭到了不同程度的破坏，而罪魁祸首居然是一种不起眼的生物——船蛆。

1997年，在纽约布鲁克林码头上，过往的行人络绎不绝。突然一声巨响传来，只见一个码头墩位突然凹陷下去，码头上的行人吓得拔腿就跑，但仍有6个人掉进水里。事后调查发现，墩位内的木桩已经被吃成空心的了，而罪魁祸首依然是船蛆。

船蛆对木材有一种天生的兴趣，因而对木制船只来说，它是危险的破坏者。船蛆的外表看上去像一条长长的虫子，其实它是一种贝类。它的头部有细小的壳，通过肌肉的收缩，壳可以左右旋转。利用壳的旋转，船蛆就可以从木头上一点一点地锉下木屑，直至钻出洞来。在大航海时代，人们无法抵抗船蛆的破坏，想尽了办法来对付它，比如在船底刷上沥青、焦油，把船底的木头表面烧成木炭等。与船蛆一样有钻孔爱好的海笋，其钻孔对象是石头，这给海里的石头建筑，甚至堤坝带来危害。

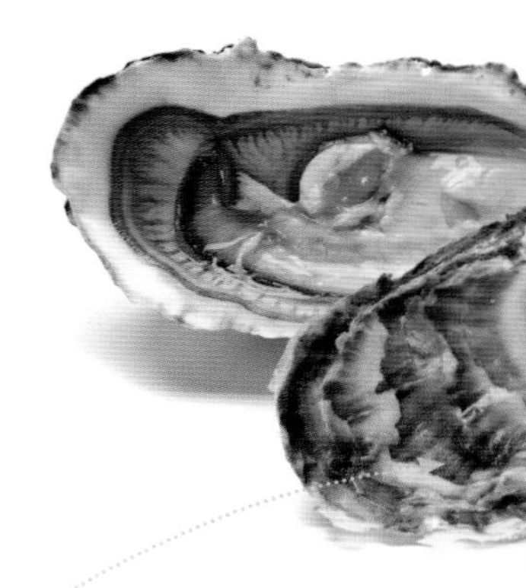

给船只带来危害的还有藤壶、牡蛎等，它们大量地吸附在船底，增加船只航行的阻力，还会腐蚀船只，缩短船只维修的间隔时间。

牡蛎

牡蛎也叫“生蚝”“蚵仔”，生活在海水和淡水交接处，以浮游生物为食，在中国海域广泛分布。牡蛎富含锌，2000多年前，中国人就学会了养殖牡蛎，以供食用。

海鞘

海鞘在全球海洋中均有分布，从潮间带一直到海洋深处都有它们的身影。海鞘成体后就永久地固定在船体、码头木桩和岩石等硬物上，甚至连大型蟹的后背也可以成为它们的栖身之所。其主要食物为动植物碎屑和浮游生物。

海笋

海笋是海生双壳类软体动物，它两片壳的一端各有锯齿用于钻凿。海笋的种类很多，有的在泥沙滩上掘洞穴居，有的在木材中穿洞生活，也有的能把岩石凿成洞，在里面居住。其中吉村马特海笋能把防波堤的石头凿出很多很深的洞穴。

藤壶

藤壶是一簇簇白色的、有石灰质外壳的小动物，常常附着在海边的岩石上。它的形状与马的牙齿十分相似，因此被生活在海边的人们称为“马牙”。藤壶除了能附着在石头上以外，还能附着在船体上，任凭风吹浪打也冲刷不掉。藤壶的吸附能力强，这主要是因为它在蜕皮的过程中会分泌出一种黏性很强的胶。

“千手”水母

热带、亚热带海域　50cm

一条小牧鱼从我们眼前游过，慌里慌张的。在它的身后，大海鱼张着大嘴，追了过来。我们不禁为它的命运感到担忧。眼看小牧鱼就要成为大海鱼的食物，然而，接下来发生的一幕，让我们目瞪口呆。只见小牧鱼突然从大海鱼的嘴角溜到一只“伞”的下面，躲了起来。到嘴的食物就这样跑了，大海鱼不肯善罢甘休，气势汹汹地追了过去。这时，“伞”下伸出许多细丝，像一张天网。显然，大海鱼的运气不好，刚一钻进“伞”下，它就被那些细丝缠住了。“伞”突然玩起了收缩游戏，它把自己的身体缩回到原来的 1/10，眨眼之间不见了大海鱼的踪迹，就好像它从未来过似的。

“伞”是一种漂亮的海洋生物——水母，在全球海洋里，水母大概有 300 种。“伞”是水母身体的主要部分，“伞”的里面是水母的内脏和嘴巴等器官。“伞”下长满带刺的细丝，那是水母的触手，也是它的武器。触手上布满了刺细胞，能够射出毒液，猎物被刺蜇了以后，会迅速被麻痹，触手就将它紧紧抓住，送到“伞”内，被迅速分解。

水母身体的 99% 都是水，十分适合在海洋里生活，它们通常优雅地漂浮在海水的上层。水母长相美丽，看上去很温顺，其实它们是十分凶猛的肉食动物，一旦遇到猎物，从不轻易放过。水母的食物有浮游类、甲壳类、鱼类等。

共生

水母和小牧鱼是一对特殊的朋友。小牧鱼小巧灵活，遇到危险时就躲到水母的触手之间。它们能巧妙躲开触手上毒刺的伤害，在触手间随意游动。作为回报，小牧鱼也会替水母清理身体——吃掉栖息在水母身上的小生物。有时，小牧鱼还会引诱大鱼让水母捕猎。水母和小牧鱼的这种互惠互利的关系被称为共生。

喷水推进

水母的伞状身体下长有一圈特殊的肌肉。肌肉放松，水充满身体；肌肉收缩，水被排出体外。借助水排出体外时产生的推力，水母便能向反方向移动。在海洋里，类似水母这样利用水流产生的反作用力前进的生物还有章鱼和乌贼。

立方水母

立方水母的外形像一个箱子，因此也叫“箱水母”。立方水母是世界上最早进化出眼睛的一批动物之一。依靠眼睛，它们能灵巧地避开障碍物。立方水母是一种带有剧毒的生物，人中了立方水母的毒，几分钟内就会死亡。

霞水母

霞水母是一种能发光的巨型水母，其直径 2 米的伞状体闪耀着彩霞般的光芒。霞水母能发光，是因为它们的体内有一种特殊的蛋白质，这种蛋白质与钙离子结合，就会发出蓝光，蛋白质的含量越高，霞水母发出的光就越强。

迷人的海荨麻水母是一种危险的生物，它的触须含有剧毒。

灯塔水母

灯塔水母是一种体形很小的水母，直径只有 4~5 毫米。它们的身体是透明的，其体内红色的消化系统肉眼可见。灯塔水母有一种“返老还童”的本领，长大后，它们能变回幼时阶段，这样，只要不被吃掉或病死，在理论上它们能长生不老。

极地海洋

南极和北极地区 80cm

每年的春分前后，在地球的北极，持续半年多的冬季就要过去，寒冷的漫漫长夜暂时结束了。阳光持续照耀几个月，北极海域里的动物们迎来了一年中最美好的时光。瞧！在冰层下躲避寒冷的环纹海豹爬上岸，带着它们新出生的孩子，第一件事就是迫不及待地享受一次"日光浴"。笨重的海象也来到了海边，成千上万地拥挤在一起，懒洋洋地享受着温暖的阳光。正当它们憧憬着美好的未来的时候，却不知道，危险正在一步步靠近。一只北极熊悄悄游了过来，海豹和海象正是它的猎物。

南极地区的环境远没有北极这么美好。严寒和暴风使得南极大陆上的动物稀少。然而，环绕着大陆的海洋里，却是一个生机盎然的世界。鲸、海豹、鱼和虾，还有可爱无比的企鹅，在这片海域里相互依存，用各自的方式努力生存着。

多功能的长牙

海象的身长可达 5 米，体重达 1.5 吨。它的嘴角处伸出两根七八十厘米长的长牙。海象的长牙是一个多功能的工具。当它潜入海底时，可用长牙把海底泥沙中的蛤蜊挖出来；攀登浮冰和山崖时，可将长牙变成攀登工具；遇到敌人时，还可将长牙变成尖锐的武器。

南极磷虾

南极磷虾身体的两侧长有发光的器官，受到惊扰后，会发出跟萤火虫一样的磷光，所以叫磷虾。南极磷虾的个头很小，一般只有 1~6 厘米长，但南极磷虾的数量惊人。据估计，南极附近的海洋里约有 6 亿吨磷虾，它们是南极许多动物的食物来源，也吸引着世界上许多国家的人们前去捕捞。

海象大部分时光都是在沿岸陆地或浮冰上度过

南极海豹

在南极生活的海豹有 3000 多万头。海豹能在水里生活，也能到陆地上休息。打冰洞是南极海豹的拿手本领。如果被封在冰层下无法浮出水面呼吸，它们会不顾一切，大口大口地用牙啃冰，直到啃出一个冰洞为止。

海豹不能站立行走，它们在陆地上扭动着身体向前爬行。

帝企鹅

帝企鹅是企鹅家族中体形最大的，也是唯一在南极寒冷的冬季进行繁殖的企鹅。企鹅妈妈每次产下唯一的蛋后，就去海里觅食。企鹅爸爸则把蛋放在脚上，用肚子为它取暖。经过两个多月不吃不喝的照料，小企鹅出生了。这时，企鹅妈妈也从海里带回了食物，它会通过小企鹅的叫声找到自己的孩子。

有时，帝企鹅排着整齐的队伍，面朝一个方向齐步走，像是等待和欢迎远方的来客。

寂静的超级渔场

大西洋西北部　1m

在大西洋西北部的纽芬兰岛，从北冰洋一路南下的拉布拉多寒流与来自墨西哥湾的墨西哥湾暖流相遇。这里有适宜的环境和丰富的食物，吸引着鳕鱼、鲽鱼、鲱鱼等在此聚集、繁殖，最终形成了著名的纽芬兰超级渔场。

16世纪初，英国人卡波特意外发现了纽芬兰渔场。他描述说："这里的鳕鱼多得不需用渔网，只要在篮子里放块石头，沉到水中再提上来，篮子里就装满了鳕鱼。"从此英国人成为纽芬兰渔场的主人，他们源源不断地将大量鳕鱼干从纽芬兰贩运到欧洲各国，纽芬兰的鳕鱼干也成为16世纪欧洲海上贸易中最重要的商品。传统的捕鱼方式虽然捕捞量巨大，但因为避开了鳕鱼群的产卵繁殖季节，从而保证了鱼群能够不断地繁衍。在此后的几百年里，纽芬兰渔场的鳕鱼捕捞业长盛不衰。人们相信，在这个"踩着鳕鱼的脊背就可上岸"的地方，鳕鱼会多到永远捕不完。

1954年，超大拖网船开始进入纽芬兰海域，纽芬兰渔场的捕捞进入全盛时期。机械化的大渔船，拖着巨大的渔网，可以一年四季全天候作业。不管是正处产卵期的大鱼，还是没长成的幼鱼，都难逃一死。由于过度捕捞，渔场的产量开始急剧下降，1988年，科学家宣布，纽芬兰渔场的鳕鱼数量已经下降到了历史最低点，纽芬兰渔场已经无鱼可捞了。1992年，政府被迫下达禁渔令，纽芬兰的第一大产业——捕鱼业顷刻破产。纽芬兰渔场已经成为历史，直到现在，这里还是一片寂静。也许在以后很长的时间里，纽芬兰渔场都不会有大量的鳕鱼了。

纽芬兰超级渔场的消失，是人类的贪婪和对海洋的无知造成的一场灾难。

洋流

洋流是海洋中沿着一定途径大规模流动的海水。形成洋流的主要力量是风，海洋中某处海水被风吹走了，邻近的海水马上补充进来，连续不断，于是海洋中就形成了洋流。

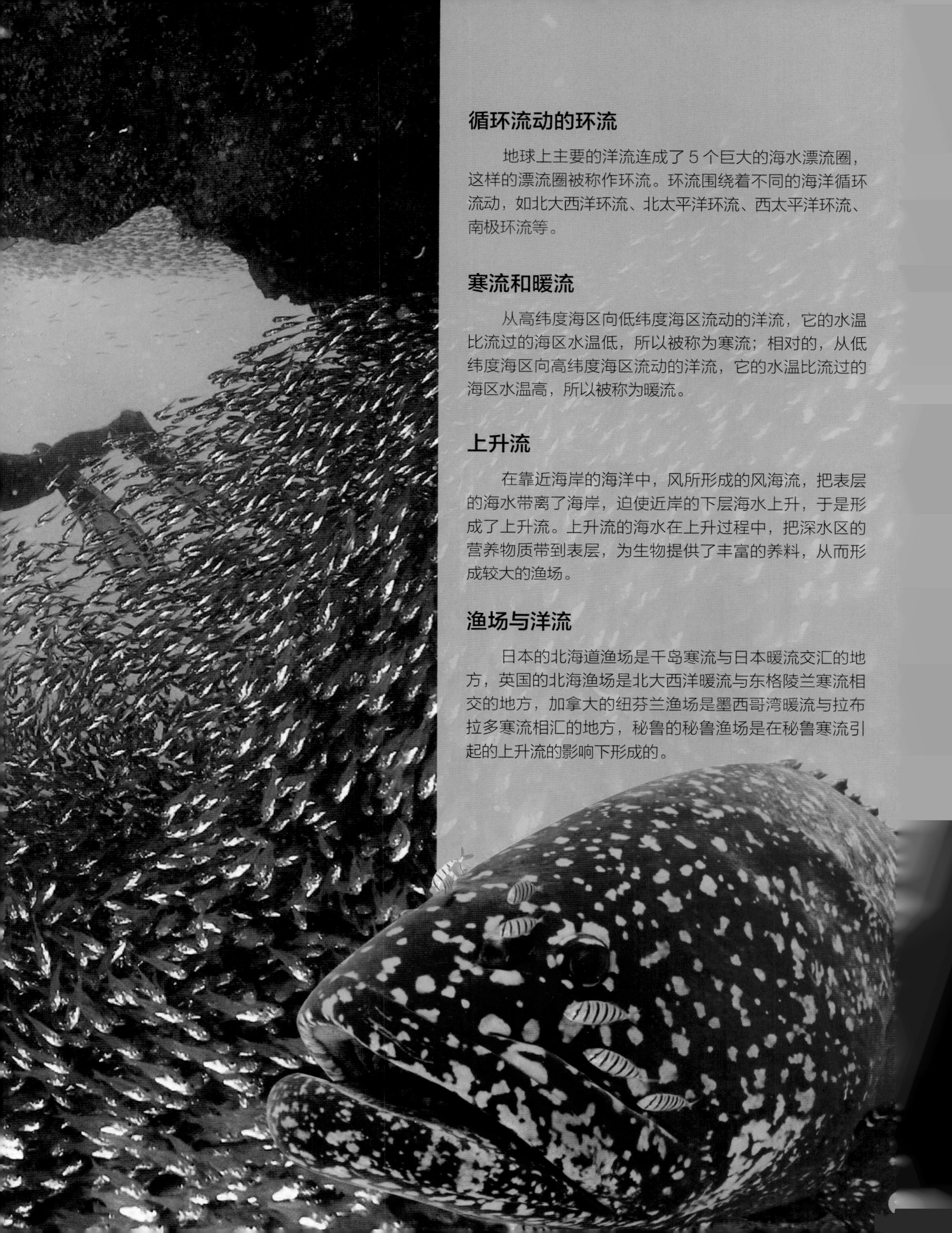

循环流动的环流

地球上主要的洋流连成了 5 个巨大的海水漂流圈，这样的漂流圈被称作环流。环流围绕着不同的海洋循环流动，如北大西洋环流、北太平洋环流、西太平洋环流、南极环流等。

寒流和暖流

从高纬度海区向低纬度海区流动的洋流，它的水温比流过的海区水温低，所以被称为寒流；相对的，从低纬度海区向高纬度海区流动的洋流，它的水温比流过的海区水温高，所以被称为暖流。

上升流

在靠近海岸的海洋中，风所形成的风海流，把表层的海水带离了海岸，迫使近岸的下层海水上升，于是形成了上升流。上升流的海水在上升过程中，把深水区的营养物质带到表层，为生物提供了丰富的养料，从而形成较大的渔场。

渔场与洋流

日本的北海道渔场是千岛寒流与日本暖流交汇的地方，英国的北海渔场是北大西洋暖流与东格陵兰寒流相交的地方，加拿大的纽芬兰渔场是墨西哥湾暖流与拉布拉多寒流相汇的地方，秘鲁的秘鲁渔场是在秘鲁寒流引起的上升流的影响下形成的。

海底丛林

热带海域 10m

我们来到浅海区的海底。这里距离海面10米左右，这里布满了岩石。在岩石之间，长满了各种海藻。它们长着巨大的叶子，长度多在1米左右，也有个别的长到四五米，密密麻麻地分布在从海底到海面的海域中。海藻的生长速度很快，最快的每天大约能长50厘米，这可比凳子还高。在海藻中穿行，就像走在“海底森林”中。龙虾、蟹类、海蚯蚓、海星和一些鱼类在“森林”里来回游荡，海藻是它们可口的食物。午后充足的阳光从海面照射下来，刚刚吃饱了的小动物们正惬意地享受着这一片宁静。但从海底偶尔游来的几团黑影——海豹和海獭，正在提醒它们：宁静只是假象，危险随时在身边！

留恋海底丛林的不仅仅只有虾、蟹、小鱼和海豹们，还有人类。人类对海藻开始产生兴趣可以追溯到很久很久以前。有记载表明，中国人在几千年前就开始食用海藻，人们把海藻打捞上来，做成菜，制成药。世界上近海地区的人们都有食用海藻的习惯。为了获得更多的海藻，人们还在海里进行人工种植。海藻之所以受到人们的欢迎，是因为它不仅口感鲜嫩，而且营养丰富，含有碘等矿物质和多种维生素，能够预防和治疗甲状腺疾病。海藻还可以作为农业肥料和工业原料。

藻类的大小

藻类是一个大家族，大约有2.5万种。它们的形体差异很大，小的只有在显微镜下才能看见，大的能长到60米。藻类细胞中有细胞核和叶绿素，能进行光合作用。

五颜六色的海藻

与陆地上植物多是单一的绿色相比，海藻可谓着色高手。海藻表现出的颜色与它们体内所含的物质成分有关。红藻里含有藻红蛋白；褐藻中含有较多的墨角藻黄素。

海藻炼油

海藻生长速度快，适应环境能力强，含有很高的油脂类物质。科学家正在研究如何利用海藻炼油，海藻炼油过程比石油的提炼过程简单，成本更低。也许不久的将来，从海藻中炼出的油将取代石油成为新的能源，从而解决人类能源短缺的危机。

海带

海带是一种生长在温带海域的褐藻，主要生长在水深 2~3 米处的岩石上。我们平时见到的又宽又长像叶子的部分，是海带的孢子体。海带富含碘，利用海带提取、制得的碘和褐藻酸，广泛应用于医药、食品和化工领域，碘还是人体必需的元素之一。

在干的海带表面，常有白色的粉末，那是一种可以入药的物质——甘露醇，可以用作利尿剂。

儒艮的哀伤

温带、热带海域　20m

在温带、热带的浅海海域，柔软的海底泥沙上，长满了几十种大大小小的海草。它们柔软的身躯紧贴着海底，被海水冲击得前后摇摆。这片海底草原，是各种小鱼小虾生活繁衍的乐园、躲避天敌的藏身之所，也是儒艮的草场。儒艮和海牛是海牛家族目前仅存的成员，它们是海洋里唯一“吃素”的哺乳动物。儒艮用灵活的上唇收集海床上的海草和其他植物，然后用嘴里坚硬的牙床压碎食物，最后在吞下食物前用牙齿把食物嚼碎。一只成年儒艮每天要吃掉50千克的植物。

儒艮体形大，行动慢，视力差，常常因为来不及躲避而被轮船的螺旋桨和快艇撞伤；有些儒艮死于渔民的拖网和保护人类的防鲨网；还有些儒艮因为生活环境受到污染和海草的减少而消失。然而，给儒艮带来伤害最大的是人类的捕杀。人们把儒艮的肉割下来食用，脂肪提炼成润滑油，皮肤制成皮革，骨头制作成工艺品。儒艮的数量正在逐渐减少。也许不久，它就会和海牛家族曾经的成员大海牛一样因被人类捕杀而彻底消失。儒艮现被列为《世界自然保护联盟濒危物种红色名录》中的易危物种，也是我国国家一级保护动物。

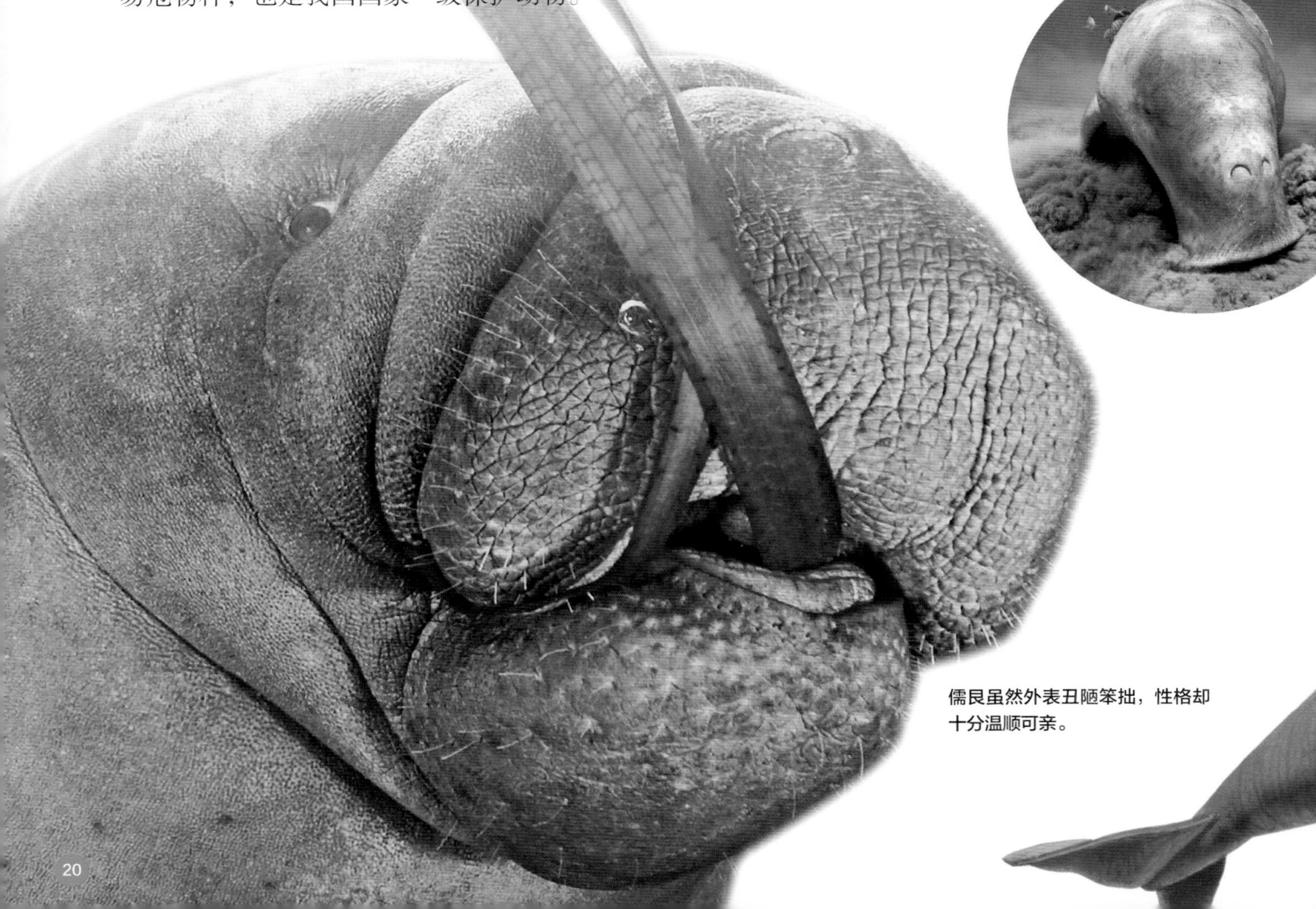

儒艮虽然外表丑陋笨拙，性格却十分温顺可亲。

儒艮和海牛

儒艮主要生活在印度洋和太平洋里；海牛则主要生活在南美、加勒比海和西非海域。从外表看，儒艮和海牛的区别在尾巴上。儒艮的尾巴中央分叉，和海豚的尾巴很像；而海牛的尾巴是扁平的圆形。

野生的海牛一般栖息在浅海，很少到深海或上岸活动。

大象的亲戚

儒艮的名字是从马来语音译而来。它与陆地上的亚洲象有着共同的祖先。在 2500 万年前，由于气候的变化和生存能力的下降，儒艮被迫来到海洋谋生，但依然保持着吃草的习性。

传说中的美人鱼

儒艮一生都生活在水中，从不上岸。它们在水中停留的时间很短，需要经常浮到水面换气。有时，雌性的儒艮抱着它的孩子在水面哺乳，头上披着海草，所以被人们误认为是美人鱼。事实上，儒艮长得比较丑，与人们想象中的美人鱼还是有很大区别的。

绚丽的珊瑚花园

热带海域 30m

穿过茂密的海藻丛林，我们来到热带海域的珊瑚礁。珊瑚礁是海洋中最复杂的生态系统之一，也是海洋里最有生命力的地方。

珊瑚礁是由珊瑚虫建造的。珊瑚虫是一种海洋动物，它长得很小，大概只有米粒那么大，以细小的浮游生物为食。每只小小的珊瑚虫都是灵巧的建筑师，珊瑚虫在生长过程中能吸收海水中的钙和二氧化碳，然后分泌出石灰质，成为它的外骨骼，这就像它为自己建造了一座漂亮的房子。遇到危险时，珊瑚虫就缩回外骨骼中。珊瑚虫喜欢成群地生活在一起，生长和繁殖速度很快。珊瑚虫死后，它的子孙就在祖先的遗骨上一代代繁殖下去。日积月累，珊瑚虫群体逐渐发展壮大，它们的骨骼也越积越多，骨骼之间你挤我，我挨你，构成一个群体的共同骨架。经过漫长的地质变迁，骨架最终形成巨大的珊瑚礁，露出水面的就成了珊瑚岛。

我们通常所说的珊瑚其实就是聚在一起的珊瑚虫死后留下的骨骼。珊瑚的形状花样繁多，有的像树枝，有的像蘑菇，有的像鹿角，颜色有浅绿、橙黄、粉红、蓝、紫、褐、白。五彩缤纷的珊瑚构成了独特的海底景致，把珊瑚礁装扮成一座座美丽的海底花园。优美的环境，引来许多海洋生物，海藻、海葵、贝类、海星、海胆、天使鱼、蓑鲉等动物和植物都在这里栖息。

许多生活在珊瑚礁附近的生物也都有着鲜艳的颜色，仿佛是在传递“我有毒”的信息，同时也把珊瑚花园打扮得更加绚丽多姿。

造礁珊瑚虫

珊瑚虫的种类很多，但并不是所有的珊瑚虫都能建造珊瑚礁，能建造珊瑚礁的珊瑚虫被称作造礁珊瑚虫。造礁珊瑚虫的体内有一种叫作虫黄藻的藻类，能在阳光下进行光合作用，吸收二氧化碳，放出氧气，把氮、磷、钾变成有机物，为珊瑚虫的生长提供营养。我国西沙群岛和南沙群岛的岛礁，就是由造礁珊瑚虫建造而成的。

蝠鲼

蝠鲼也叫“魔鬼鱼”，身体扁平，长着一对巨大的像翅膀一样的胸鳍，拖着一条又硬又细长的尾巴，游动时，像在水里“展翅飞翔”。蝠鲼喜欢游弋在珊瑚礁附近，以生活在珊瑚礁附近的生物为食，虽然长相凶悍，其实性情温和。它们有时跃出水面，表演空翻的特技，自娱自乐。

目前人们还不清楚蝠鲼跃出水面的目的，有人认为它们是在示爱，有人认为它们是在驱赶猎物，也有人认为它们是为了甩掉身上的寄生虫和死皮。

海星

海星是一种外形像五角星的海洋动物，现存1800多种，世界各大洋里都有分布。平时，海星一动不动地趴在海底的沙地或珊瑚礁上。在遇到猎物时，它们小心翼翼地靠近，用腕上的管足捉住猎物并用整个身体包住它，再吐出消化酶把猎物溶解后吸收。海星有一项强大的再生技能，如果被撕成几块碎片扔入水中，每块碎片都会很快长出失去的部分，从而长成几只完整的新海星。不过这种行为是对生命的不尊重，请你不要尝试。

海胆

海胆是一种生活在海洋里的古老生物，也叫“海刺猬”“刺锅子”，与海星、海参是近亲。从外表看，海胆就像一棵紫色的仙人球。它浑身是刺，刺的前端长有倒钩。海胆的尖刺一旦刺入人的皮肤，就会迅速注射毒液。在海边游玩时，如果不小心被海胆刺到，你应尽快去医院处理伤口。

美丽的陷阱

印度洋、太平洋 40m

大自然告诉我们：越美丽的东西，往往越危险。

在珊瑚礁附近，有时我们会看到一朵朵鲜艳的“花朵”，“花瓣”的颜色丰富，有红的、绿的、黄的，有条纹的、斑点的。这些美丽的“花朵”就是海葵，“花瓣”则是海葵的触手。海葵在水中频频招手，像是召呼你去跟它玩耍，这是个危险的信号——海葵的触手上长着有毒的刺，一不小心碰到就会让你中毒，而有些海葵身上的毒素是致命的。一些没有生活经验的小鱼、小虾和小虫被美丽的触手吸引，好奇地游到海葵身边，立刻成为它们的盘中餐。

海葵是一种结构简单的动物，和珊瑚是近亲。它们大多数生活在浅水区域，或者珊瑚礁附近，也有少数生活在大洋的深处。海葵一般不主动捕捉猎物，而是布下陷阱后守株待兔，静等猎物们主动上门。小丑鱼是少数能从海葵的陷阱中逃脱的生物，因为它们对海葵的毒素免疫。一旦碰到敌人，小丑鱼就躲进海葵的触手里。海葵为小丑鱼提供了保护，小丑鱼也常常为海葵引来食物，这种互惠互利的合作是自然界里许多生物独特的生存之道。经常与海葵合作的还有寄居蟹。寄居蟹把海葵驮在背上，用海葵的触手来伪装和保护自己；同时，它也成为海葵的“坐骑”，帮助海葵在海里来去自如。

海葵的分布

全球海洋中有海葵 1000 多种，在我国海域常见有黄海葵、绿海葵、触手众多的细指海葵等。此外，在我国东海海域，太平洋侧花海葵数量很多。在贝壳、石块上，偶尔也能见到紫褐色带黄色纵带的纵条肌海葵，其收缩时的外形看上去像西瓜，所以又名西瓜海葵。

改变性别

小丑鱼并不丑，由于长有色彩亮丽的花纹，很像戏剧里的小丑角色，所以被叫作“小丑鱼”。小丑鱼是一种热带海鱼，一般身长十几厘米。在一群小丑鱼里，体形最大的是雌鱼，雌鱼是“大家长”，其他的都是雄鱼。但如果雌鱼死亡或者离开了鱼群，发育最好的雄鱼就会变成雌鱼，继续领导鱼群。

寄居蟹

绝大部分寄居蟹都生活在海洋中。寄居蟹常常吃掉贝壳类动物，然后霸占它们的壳，寄居在里面。受到威胁时，寄居蟹会快速缩到壳里，用坚硬的螯堵住壳的口。随着身体不断长大，寄居蟹还会寻找新家，住进适合自己身体大小的壳里。

小心有毒

通常海葵所分泌的毒液，对人体伤害不大。如果我们不小心摸到它们的触手，会有刺痛或瘙痒的感觉。但在夏威夷海域生长着一种巨大的红海葵，其毒液毒性极强，当地人常提取为箭毒。

直立游泳的海马

大西洋、太平洋 50m

初次听到海马这个名字的人，往往容易产生错觉，以为海马像陆地上的马那样，体形巨大。实际上，海马的身材小巧玲珑，其身长一般不超过一张 A4 纸的长度。海马的头部长得像马，尾巴像猴，从外形上看，海马与鱼无缘。其实，海马和它的亲戚海龙都是鱼类。独特的外形，加上没有尾鳍，使得海马成为地球上速度最慢的游泳者之一。海马通常生活在海藻丛林中和珊瑚礁附近。性情懒散的它们平时喜欢用卷曲的尾部缠绕海藻的茎枝或是动物的身体，随波逐流。如果因为寻找食物或其他原因暂时离开依附的物体，在游一段距离之后，它们会寻找到新的依附目标。

海马直立在珊瑚礁的缓流里，慢慢游到一只桡足类生物身边，出其不意地将它吃掉。桡足类生物是所有海洋生物都喜欢吃的美食，因此，它们时刻处于高度戒备状态。只要水纹有一点点波动，它们就能够察觉到，然后以每秒钟游动距离超过自身长度 500 倍的速度逃跑。这样的速度就连以奔跑飞快而闻名的猎豹都相形见绌。

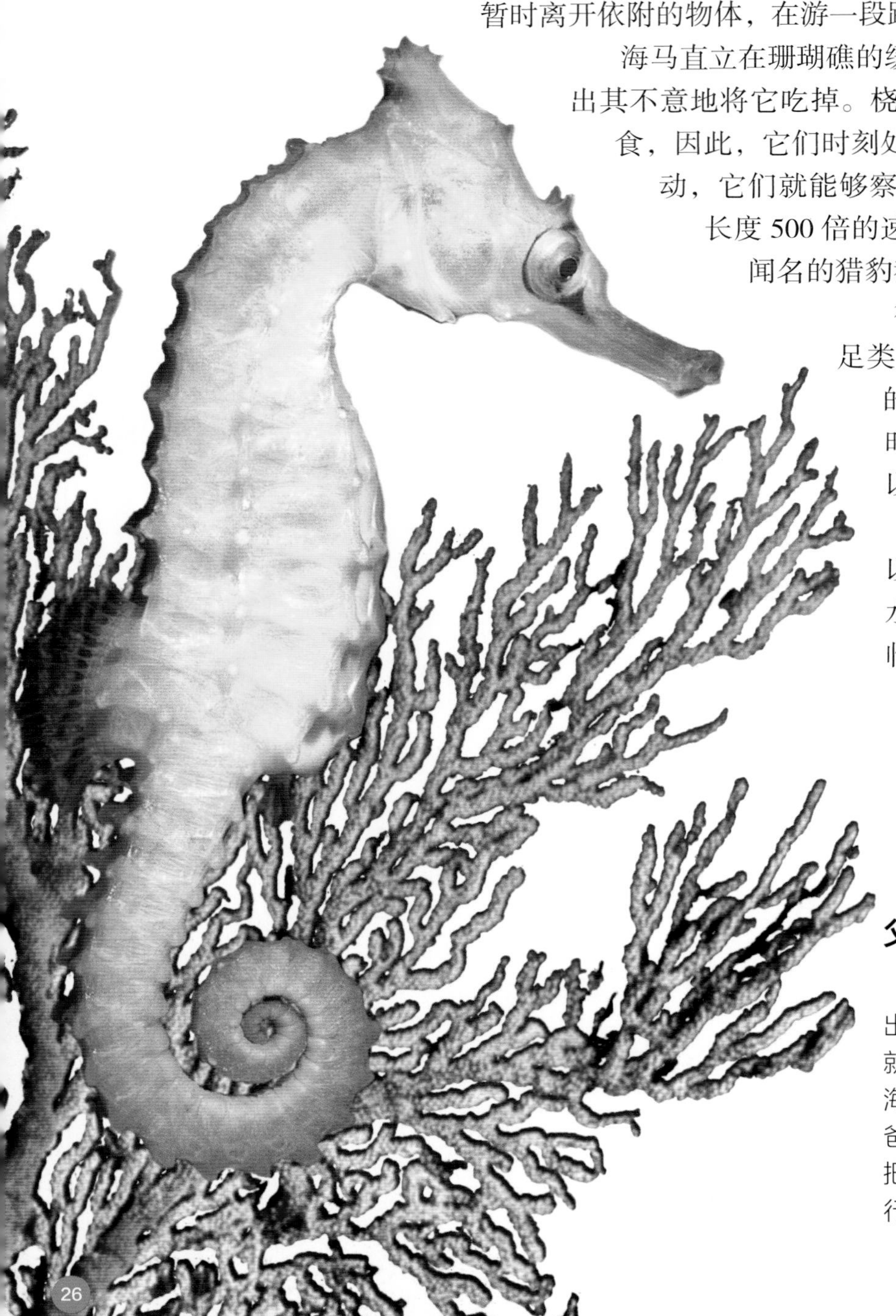

行动迟缓的海马能轻而易举地捕捉到桡足类生物，正得益于它们独特的外形。海马的嘴位于长形口鼻的末端。朝猎物移动的时候，海马口鼻附近的海水纹丝不动，所以当海马靠近时，猎物根本就察觉不到。

海马是一种名贵的中药，每年都有数以百万计的海马被捕捞以制成药材，或供水族馆饲养，这让海马面临极大的生存危机。

父亲的义务

海马宝宝是由爸爸生出来的。每到繁殖季节，海马爸爸的腹部就会长出许多褶皱，形成一个“育儿袋”。海马妈妈将卵产在“育儿袋”里，由海马爸爸来完成“孕育”的过程。海马爸爸在把孩子们生出来后，就独自离开，不再履行抚养孩子的义务。

保护海马

海马是我国二级保护动物。根据《水生野生动物保护实施条例》，只有具有《中华人民共和国水生野生动物经营利用许可证》的企业或个人，才能合法收购与销售海马。对海马进行加工处理，须获得国家药准字批文。

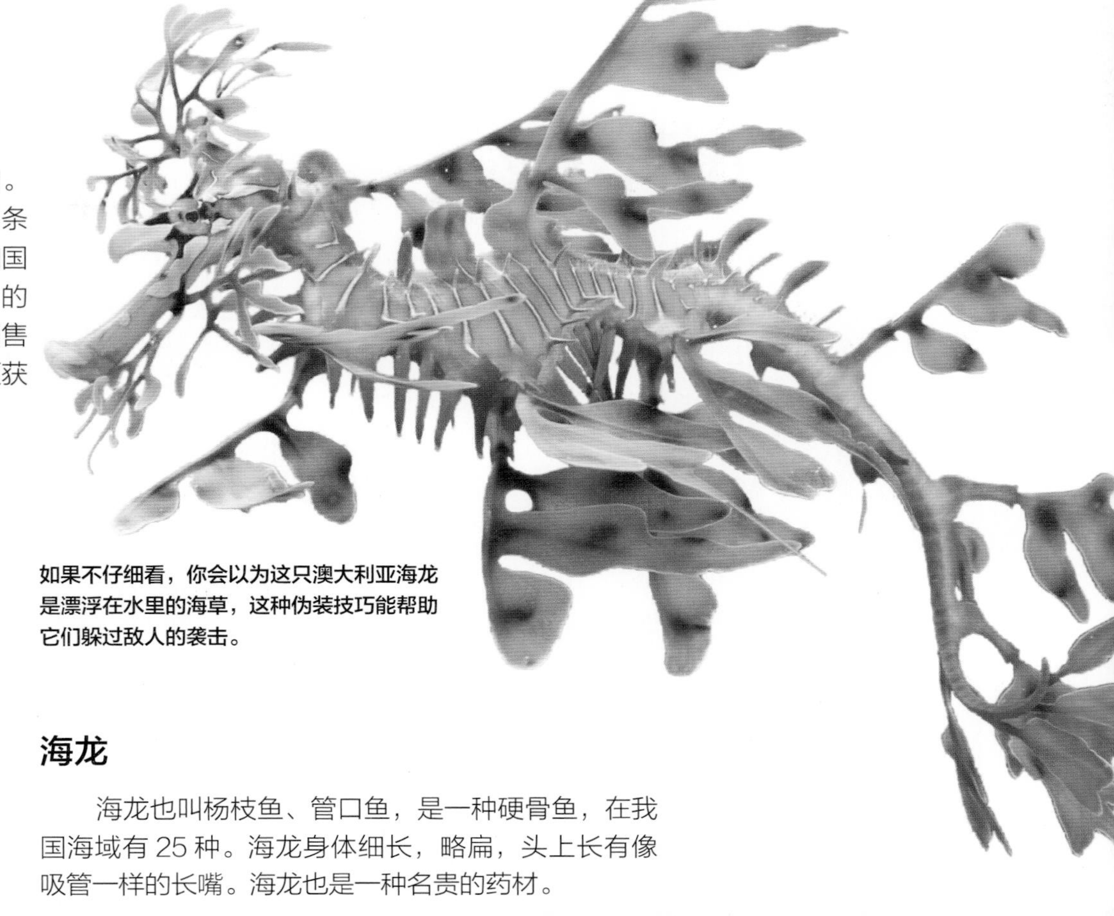

如果不仔细看，你会以为这只澳大利亚海龙是漂浮在水里的海草，这种伪装技巧能帮助它们躲过敌人的袭击。

海龙

海龙也叫杨枝鱼、管口鱼，是一种硬骨鱼，在我国海域有 25 种。海龙身体细长，略扁，头上长有像吸管一样的长嘴。海龙也是一种名贵的药材。

人类的活动

全球海洋 100m

人类主要生活在陆地上，但有时也会到海里活动。人们在岸边开采砂石用作建筑材料，提取海水里的盐，在海里捕捞鱼、虾、贝壳和海藻等海产品，办养殖场。此外，人们还在海底修建隧道，铺设光缆，甚至到海底观光、冒险。为了缓解陆地上人口的压力，有人建议到海里建造房屋，让一部分人到海里生活。

人类在海洋里的活动主要集中在大陆架的浅海地区，水深一般不超过 200 米。大陆架是大陆沿岸陆地在海面下向海洋的延伸，很久以前露在海平面以上，现在被海水覆盖。大陆架浅海区面积大约占海洋总面积的 7%，这片海域阳光充足，水产资源丰富，海底地势平坦，蕴藏着丰富的资源。最受人类青睐的资源是石油和天然气。人们在海面搭建钻井平台，向海底钻孔开采石油和天然气，新的油田和气田不断被发现。

撒网捕鱼

在几千年的捕捞实践中，渔民们学会制作各种渔网，以捕捞不同种类的鱼。如在渔船后拖着像口袋似的拖网，用来捕捞在海底生活的鱼类；用围网捕捉靠近水面游动的鱼。还有的渔民在水面下放置长达几千米的流网捕鱼，但因为海豚、海龟和其他濒危的海洋生物有时也会被流网缠住，所以很多国家已经禁止使用流网捕鱼。

海底石油的形成

海底石油是死亡的植物和动物沉入海底后形成的。这些死掉的生物被一层层泥沙覆盖，缓慢腐烂，经过千万年高温和压力作用，转化成石油和天然气。

海底隧道

为了解决海峡两岸和横跨海湾的交通问题，除了修建跨海大桥，人们还在海底修建隧道。海底隧道不占土地，不妨碍航行，不影响生态环境，是一种安全的海底通道。我国目前已建成香港海底隧道、厦门海底隧道、胶州湾海底隧道等多条海底隧道。

海底考古

与陆地上的考古相比，海底考古是一项充满挑战的危险工作，考古人员必须是专业的潜水员。由于海浪的扰动，海底光线的影响，考古现场的挖掘工作需要花费大量的时间。发掘出的文物要经过特殊处理后才能被带出水面。因为在空气中，一些水下物品会很快被分解、腐蚀。

深海网箱养殖

网箱养殖是一种常见的海洋养殖方式。通常，渔民用网片制成箱笼，在海岸附近海域养殖鱼类、贝类等。但近海养殖往往容易导致动物疾病的传播，也会对海洋造成污染。后来，人们便把网箱移到深海海域，这种智能的深海网箱能随时监控鱼的健康状况、自动投放饲料，有的利用太阳能和波浪能作为动力，能像鱼群一样自由移动。

海龟成长历险记

大西洋、太平洋、印度洋 150m

海龟没有牙齿，它们是海洋中最没有伤害力的爬行类动物之一。然而，海龟的成长历程充满着多种惊险。

海龟常年遨游在远离陆地的温暖海域。到了繁殖的季节，海龟会不远千里，来到它们出生的岸边。夜晚降临，海龟妈妈爬到沙质松软的灌木丛边上，用后肢挖一个洞穴，开始产卵，它们一次能产下几十到100多枚卵。经过2~3个月的孵化，小海龟们纷纷从蛋里破壳而出。它们发现，妈妈早已走远，从一出生，它们就要靠自己的努力生存下去。

小海龟爬出沙洞，面前是一片广阔的海滩，它们要尽快回到大海里，才有可能活下来。然而，通往大海的海滩上危机四伏，螃蟹、海鸟、蜥蜴等掠食者正虎视眈眈。在这段路程中，1000只小海龟中只有1只能活下来。历尽艰辛，幸运的小海龟终于回到海洋的怀抱，但危险并没有彻底解除，它还得提防随时出现的章鱼、鲨鱼等海洋生物。一不小心，就会成为别人的盘中餐。躲避过天敌的袭击，小海龟开始独自捕食、旅行的生活。海龟的寿命很长，最久的能活到150多岁。在漫长的一生中，海龟可能还会遇到误食有毒食物、被人类捕杀等多种危险。

绿海龟

绿海龟是一种体形比较大的海龟，分布较广，在我国各大海域都能见到。绿海龟的壳是茶褐色或暗绿色，食物主要为海草、海藻等，因为体内脂肪含有大量的叶绿素，所以被叫作“绿海龟”。绿海龟是我国重点保护野生动物。

玳瑁

玳瑁主要生活在珊瑚礁海域。它们最喜欢的食物是海绵，也捕食鱼、虾、蟹和软体动物，偶尔也吃海藻。玳瑁头上长有鳞甲，但眼睛没有防护，所以它们捕食时通常闭上眼睛，以免被猎物伤害。在我国古代，人们喜欢佩戴用玳瑁的背甲制成的饰品。

棱皮龟

棱皮龟又叫“革龟”，体形巨大，是唯一没有壳的海龟。棱皮龟的四肢长得像船桨，因此在水中能快速游动，有“游泳健将”的美称。棱皮龟的视力很弱且没有牙齿，依靠食道内壁的角质皮刺磨碎食物。有时，棱皮龟会误食海面上漂浮的垃圾，造成肠道阻塞后死去。

蠵龟

蠵龟身长 1 米左右，是一种古老的爬行动物，它的背部呈棕红或者褐红色，有不规则的土黄色或褐色斑纹，腹部为柠檬黄色或黄色。以蠕虫、螺类、虾及小鱼等为食。在我国东海和南海海域偶有太平洋蠵龟出没。

与鲨鱼的较量

热带、亚热带海洋 200m

告别富饶的浅海海域，我们向深蓝色的大洋出发。那里的海洋生物更具魅力，它们有的体形巨大，有的长相奇特，有的本领高超。

首先向我们游来的是长着大嘴、露出白森森尖利牙齿的鲨鱼。这是一种古老的鱼，最早在4亿年前就已经出现。在全球海洋中，鲨鱼有300多种，常见的有50多种。从沿岸浅海到大洋深海都有鲨鱼的踪影。鲨鱼的体形大小不一，最小的只有十几厘米长，最大的能长到十几米。不同种类鲨鱼的捕猎方式也不同：有的张开大嘴，吸进大量的海水，吃掉随海水进入嘴里的小鱼、虾和浮游生物，然后将海水从两侧的鳃裂中过滤出来；有的利用锋利的牙齿，撕咬猎物；还有的在洞穴口吸水，把猎物从洞穴中吸出来吃掉。大多数鲨鱼捕杀鱼类、乌贼、海龟和海豹等动物，通常在饱餐一顿后很长时间内都不进食。

在许多人的印象中，鲨鱼是一种吃人的怪兽，这是人类对它们的误解。大部分鲨鱼生性温顺，不伤害人类。只有极个别的鲨鱼会在感受到人类威胁时，进行试探性的攻击，也有的鲨鱼把在水面活动的人类误以为是海豹，从而发动攻击。其实人体的脂肪含量很少，并不在鲨鱼喜爱的菜单上。

事实上，在与人类的较量中，鲨鱼是弱势的一方。许多人认为，用鲨鱼鳍中的软骨加工而成的鱼翅是珍品佳肴，因此大量捕杀鲨鱼。其实，鱼翅的营养成分与鸡蛋差不多，但由于人类的无知滥捕，鲨鱼的数量正在逐渐减少，如果不加以保护，它们有可能就此灭绝。

鲨鱼名字的由来

鲨鱼在我国古代被称为“鲛”，意思是说鲨鱼的力气大，与海洋里其他动物较量时常常获胜。鲨鱼的皮肤覆盖着微小的鳞片，称为盾鳞。如果顺着同一个方向梳理鲨鱼的皮肤，会觉得很光顺，但从相反的方向梳理，就会觉得像沙子一样粗糙，因此古人也称鲨鱼为“沙鱼”。

敏感的鲨鱼

鲨鱼的鼻子对血腥味特别敏感，凭着灵敏的嗅觉能嗅出几千米外受伤的人和海洋动物的血腥味。鲨鱼还有特殊的第六感——电磁感应，它们面部神经非常发达，能探知海里各种动物产生的电磁波。用这项技能，鲨鱼能确定猎物的方位，以采取行动进行攻击。

鲨鱼的背部呈蓝灰色，腹部是白色的。当它们从水下袭击猎物时，背部的颜色与深海颜色接近，很难被发现。如果从上方袭击，白色的腹部和明亮的天色融为一体。

形影不离的小伙伴

通常鲨鱼身边都有一群形影不离的小伙伴——向导鱼。向导鱼身形很小，大概只有 30 厘米长，身体两侧有黑色的竖条纹。每当鲨鱼用完餐时，向导鱼就开始清理吃剩的残渣，它们还会跑到鲨鱼的嘴里，吃鲨鱼牙齿缝里的食物，顺便帮鲨鱼清理口腔。

鲸鲨

鲸鲨是鲨鱼中的巨人，也是目前地球上体形最大的鱼。它们身体庞大，身长可达 20 米。虽然鲸鲨个头很大，却生性温和，潜水员可以与它们一起嬉戏、游泳。

大白鲨

大白鲨又叫“食人鲨”，是海洋里凶猛的食肉动物。它们长有锋利的牙齿，像锯齿一样，猎物一旦被咬住，就很难逃脱。有时，大白鲨把头探出水面，搜寻猎物。

头上长脚的动物

全球海洋　300m

海洋占地球面积的 2/3，是地球上最大的生物聚集地。每一种海洋生物都有独特的外形和特殊的技能，以适应生活环境、获得食物和躲避天敌。在海洋里，有一个大家族，这个家族里的成员都有相同的特点——头部长满了触须，生物学家称它们为头足类。海洋里的头足类动物有 650 多种，最小的身长只有几毫米，最大的仅触须就有 20 米。在全球各大洋中，从沿岸近海海域到水深 7000 米的深海，都有头足类动物的踪迹。

数千年以来，水手们之间流传着海怪的传说。在人们的描述中，海怪通常长着许多长长的触手，突然从海里出现，用触手缠住船只，顷刻间就把整艘船拖入海底。在大王乌贼被发现后，人们相信传说中的海怪就是这种长达 20 米、重 200 多千克的怪物。乌贼是头足类家族中的一员，常见的头足类还有章鱼、鹦鹉螺等。触须是乌贼、章鱼的捕食利器，它们的触须上长满吸盘，强劲有力的吸盘能抓住猎物令其动弹不得，然后用嘴咬住猎物，并排出有毒的液体，使猎物中毒丧失反抗的能力。

乌贼、章鱼都是软体动物，它们没有坚硬的盔甲，也没有尖牙利爪类的强攻击性器官，但它们有自己独特的生存技巧。乌贼和章鱼的体内长有墨汁腺，当它们受到惊吓时，便会喷出墨汁。墨汁很快在海水里扩散，形成一团黑幕，乌贼和章鱼就乘机逃跑。乌贼和章鱼还能根据环境改变身体的颜色，进行伪装，让敌人难以发现。当然，章鱼的防御技巧可不止这两种，它们还能对自己的身体进行“重组”，把自己装扮成海蛇、水母等有毒的生物，从而吓退敌人。即使不小心被敌人抓住，章鱼还有最后一招——舍弃自己的一条触须伺机逃跑。

聪明的章鱼

章鱼是一种很聪明的动物，它们能分辨出镜子中的自己，能走出科学家设计的迷宫。科学家研究发现，章鱼有两套记忆系统，分别通过视觉刺激和触觉刺激获得。

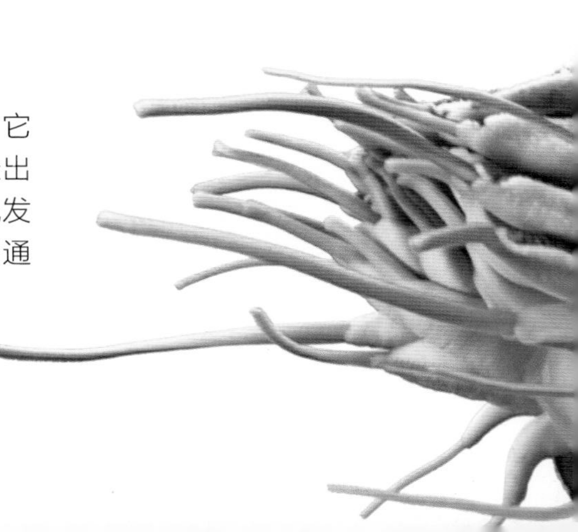

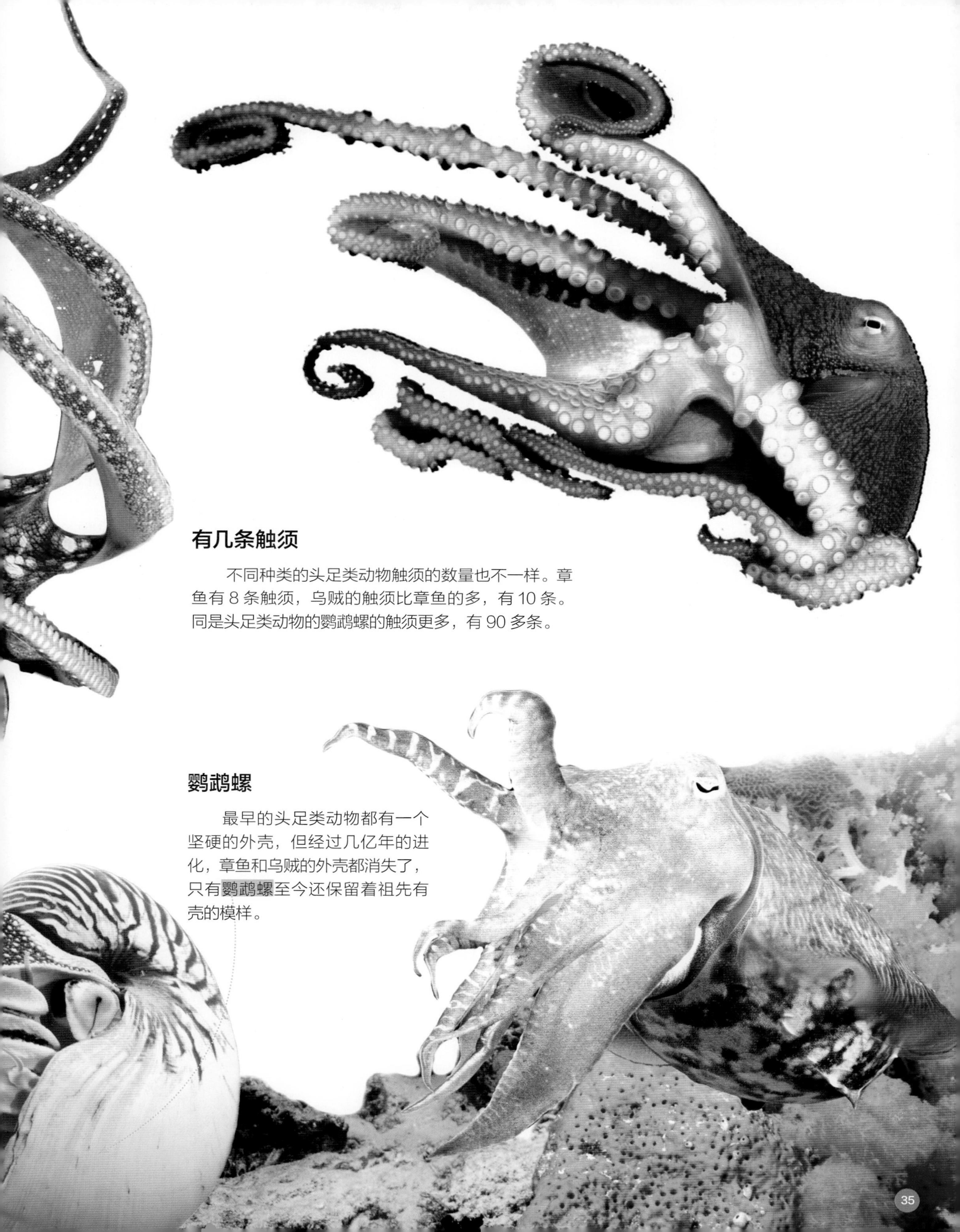

有几条触须

不同种类的头足类动物触须的数量也不一样。章鱼有 8 条触须，乌贼的触须比章鱼的多，有 10 条。同是头足类动物的鹦鹉螺的触须更多，有 90 多条。

鹦鹉螺

最早的头足类动物都有一个坚硬的外壳，但经过几亿年的进化，章鱼和乌贼的外壳都消失了，只有鹦鹉螺至今还保留着祖先有壳的模样。

鲸

全球海洋 500m

在海洋里生存，如果身怀绝技或者有一副强壮的身体，将会轻松得多。单从体形上来说，鲸绝对算是海洋中的霸主。在已经被人类分辨出来的 80 多种鲸中，身体最小的也有 1 米多长，最大的能长到 30 多米，160 吨重。这样的庞然大物可比陆地上最大的动物大象还要大得多。

大约 6500 万年前，鲸从陆地来到海洋。经过漫长的进化，鲸有圆滑的流线型身体和扁平的大尾巴，它们完全适应了海洋里的生活。虽然现在的鲸已经离不开水，终生生活在海洋里，但鲸不是鱼，而是哺乳动物。它们用肺进行呼吸，体温保持在 37℃左右。通常一头鲸每天要吃掉几吨重的食物。为了找到足够的食物，有些鲸在夏天会游到渔产丰富的南极和北极附近，等到夏天结束才回到赤道附近的热带海域进行繁殖。

鲸有两种。一种是须鲸，通常性情比较温顺，它们没有牙齿，嘴里只有像梳子一样的须。游泳时，须鲸会张大嘴巴灌进大量的海水，经过须的过滤，海水被排出，这样鱼、虾就留在嘴里成为须鲸的美食。还有一种是齿鲸，它们长有牙齿，生性比较残暴，常常攻击比自己大的同类。

几乎没有生物是鲸的对手，除了人类。由于人类的捕杀和人类海上活动的影响，鲸的数量正在逐渐减少，如果不进行保护，也许将来某一天，我们只能在博物馆里看到鲸了。

蓝鲸

体长：20~30 米
体重：100~160 吨
菜单： 磷虾
活动范围：全球海域
点评：世界上最大的动物，体重相当于35头大象的重量。

虎鲸

体长：9 米
体重：10 吨
菜单：鱼类、龟、海鸟、海洋哺乳动物
活动范围：全球海域
点评：又名逆戟鲸、杀人鲸，行动迅速，天生的捕猎者，但并不残暴，也不吃人。

灰鲸

体长：10~15 米
体重：约 30 吨
菜单：甲壳类、鲱鱼卵、鱼类
活动范围：北太平洋
点评：全身灰色，有白色斑点，迁徙距离很长，平均每天游动 185 千米。

座头鲸

体长：约 14 米
体重：20~30 吨
菜单：磷虾、鱼类
活动范围：全球海域
点评：又名大翅鲸，长有 5 米长的巨鳍；雄性爱好唱歌，歌声能持续 30 分钟，用来吸引雌性或警告其他雄性。

抹香鲸

体长：8~20 米
体重：25~50 吨
菜单：章鱼、乌贼、鱼类
活动范围：除两极以外的全球海域
点评：头巨大，擅长潜水，肠内分泌物是名贵药材“龙涎香”。

一角鲸

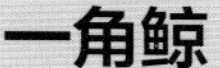

体长：4~4.5 米
体重：0.8~1.6 吨
菜单：鱼类、软体类、甲壳类
活动范围：北冰洋
点评：雄性一角鲸长着约 3 米长的长牙，像长矛，用来和其他雄性比武。

长须鲸

体长：约 25 米
体重：约 70 吨
菜单：磷虾、桡足类、鱼类
活动范围：全球海域
点评：游动速度快，腹部有近 100 条褶沟，撑开后能增加胃的容量。

海豚

体长：1.5~10 米
体重：0.05~7 吨
菜单：乌贼、鱼类
活动范围：全球海域、淡水水域
点评：体形较小的鲸类。喜欢群居，有聪明的大脑；善于利用回声定位捕食，有时还会救助溺水的人。

集体的力量

全球海洋 800m

“大鱼吃小鱼，小鱼吃虾米”。在危机四伏的海洋里，有时依靠个体的力量很难生存下去，尤其对于那些攻击力弱、防御性能差、又不懂逃生技巧的鱼类。这时，集体的力量就显现了出来。

在世界上有记载的2万多种鱼类中，一生都会集结成群的鱼类占25%，只在幼鱼阶段集结成群的鱼类占50%。鱼群的大小不一，大的鱼群直径有50米，鱼的数量有几百万条。鱼的集群活动可以提高鱼群中个体的存活率，捕食者进攻时可能误将鱼群当作是一个危险的庞然大物而退却。生活在鱼群中的鱼类个体，被捕食的几率要远远小于独自行动。另外，鱼儿聚集在一起，可以观察到四面八方的情况，比独自行动更容易发现危险。除了为应对天敌，有时鱼儿集结成群是为了繁衍后代，有时是为了能迅速找到洄游的路线。不但小鱼会集结成群，某些大型捕食鱼如金枪鱼、鲣鱼等也喜欢集群，它们在群体中比单独行动时能够更快地找到食物。

通过研究鱼类的集群行为，渔民可以更科学地进行捕捞，以保护鱼类的发展。

洄游

为了适应环境的变化，有些鱼类每年都会固定地从一个地方游到另一个地方，这就是鱼的洄游。有些鱼类会洄游几千千米。鱼类洄游有时是为了寻找食物，有时是为了躲避严寒，有时是为了寻找适合产卵的地方。

减少摩擦

鱼儿在鱼群里沿同一个方向以相同速度游动时，每条鱼都能利用周围的同伴游动时产生的涡流，以减少身体与海水的摩擦，从而节省体力。

围捕

鲨鱼在遇到鱼群时，会采取合作的方式围捕鱼群。几条鲨鱼在四周慢慢靠近鱼群，把鱼往中间驱赶，然后，它们进行分工，一些继续执行驱赶的任务，防止鱼群四散逃开，另一些冲进鱼群进行猎食。鲨鱼就是依靠这种合作模式，轮流进食。

进化的本能

鱼没有发达的大脑和神经，鱼群里也没有固定的领导者，但鱼群能随着洋流和食物的变化，忽东忽西，所有的鱼的动作整齐划一，这是鱼类进化出的本能。鱼的身体两侧各有一条颜色特殊的侧线，每条鱼都以周围同伴的侧线为观察标志，调节自己的游向和速度，以维持适当的距离。鱼的这种能力也保证了鱼群在遭受攻击时，能快速逃避。

会放电的鱼

温带、热带海域 1500m

为了生存，海洋里的生物所使用的防身武器五花八门，如毒刺、尖牙、盔甲等。有的生物擅于使毒，有的工于陷阱，有的以速度取胜，有的靠力量打遍天下。还有一些鱼类，所使用的武器无形无味，让敌人难以防备，这种武器就是电。

在海洋里，能放电的鱼有几百种，大多数只能放出微弱的电流，但电鳐和电鳗放出的电流的电压达到几百伏，有时能置人于死地，它们可是很危险的！

会放电的鱼类身体里有放电器官，大多数放电器官都位于放电鱼的尾部，但也有的位于身体两侧，如电鳗；或背部，如巨鳐。放电器官由放电细胞构成，当鱼处于静止状态时，这些细胞组织不放电。一旦受到外界刺激，鱼的大脑就会接收到大量的神经信号，大脑向放电细胞发出指令，放电细胞产生生物电能。这些生物电能聚集在一起，就能产生有危险的电流。鱼类使用电这种武器不仅能进行防卫，还能用来捕获猎物。

鳐鱼

鳐鱼也叫魟鱼，它们是鲨鱼的亲戚，身体扁平，尾巴特别长。全球海域大约有 470 种鳐鱼，从近海到 3000 米深的深海都能看到它们的踪影，有的鳐鱼生活在淡水里。大部分鳐鱼都能放电，但放出的电流很弱，个别种类能放出高电压的电流。

鳐鱼大多栖居在海底，或隐藏在沙子里。它们摇摆宽大的鳍，来扇动沙子寻找食物。

电鳗放电能力强，但它们不会被自己或同类电到，因为电鳗体内的脂肪组织能起到很好的绝缘作用，而且电鳗本身已很适应微弱的带电环境。

电鳗

电鳗的放电器官位于身体的两侧，形成了两个柱状放电体。整个放电器官大约占据了它身体的一半，因此，电鳗的放电电压可达到 650 伏，是目前已知的放电电压最高的鱼类。电鳗常常藏在水底，利用它强有力的放电武器，能轻而易举地捕获到食物。

电疗

早在古希腊和罗马时代，医生常常让病人把手放到电鳐身上，或者让病人去碰一下正在池中放电的电鳐，利用电鳐放电来治疗风湿症和癫狂症等病。今天，在法国和意大利沿海，还能看到一些患有风湿病的老年人，正在退潮后的海滩上寻找电鳐，把它们当作自己的“医生”呢。

会发光的鱼

太平洋、大西洋 2000m

随着海水深度的变化，海洋生物生存的环境也在改变。太阳的光线在通过海水时，很快被散射并吸收，因此，光线只能穿透一定深度的海水，水越深，光线就越暗。当我们来到300米以下的海洋深处，四周变得漆黑，眼前没有一丝亮光，耳边没有一点声响。我们好像是被谁抛弃在这里，我们被遗忘了吗？恐惧和寂寞让我们变得焦躁，我们想要尽快逃离这个黑暗、寒冷、寂静的地方。突然，远处好像有一个小亮点闪了一下，我们就像溺水的人看到希望一样兴奋，朝闪光的方向游去。亮点越来越清晰，快到眼前时，突然出现一张恐怖的脸，张着大嘴，露出尖牙，吓得我们飞快逃开了。为了适应深海中黑暗的环境，许多鱼类的身体发出亮光。不过鱼类发光的方法和目的各有不同，有些鱼在黑暗中发光是为了吸引异性的注意，有些是有助于找到食物，有些发光器长在下半身的鱼发光是为了伪装自己，也有一些鱼会在突然之间发出强光，能让敌人暂时失明。在海洋中，大部分会发光的鱼类，发出的都是蓝光，这是因为蓝光在水里传得最远，也是大多数动物能分辨出来的光。

鮟鱇鱼

鮟鱇鱼的头顶长有能发光的诱饵，诱饵前后摆动，欺骗其他小动物，让它们误以为是微小发亮的食物，从而靠近它那可怕的大嘴，成为猎物。动物在黑暗中找到异性的机会也很少，为了繁衍后代，雄性鮟鱇鱼一旦遇到雌性鮟鱇鱼——通常体形比它们大得多，就会咬住对方的皮肤，并释放能溶解皮肤的物质，从此再也不分开，最终雄鱼变成雌鱼身体的一部分。

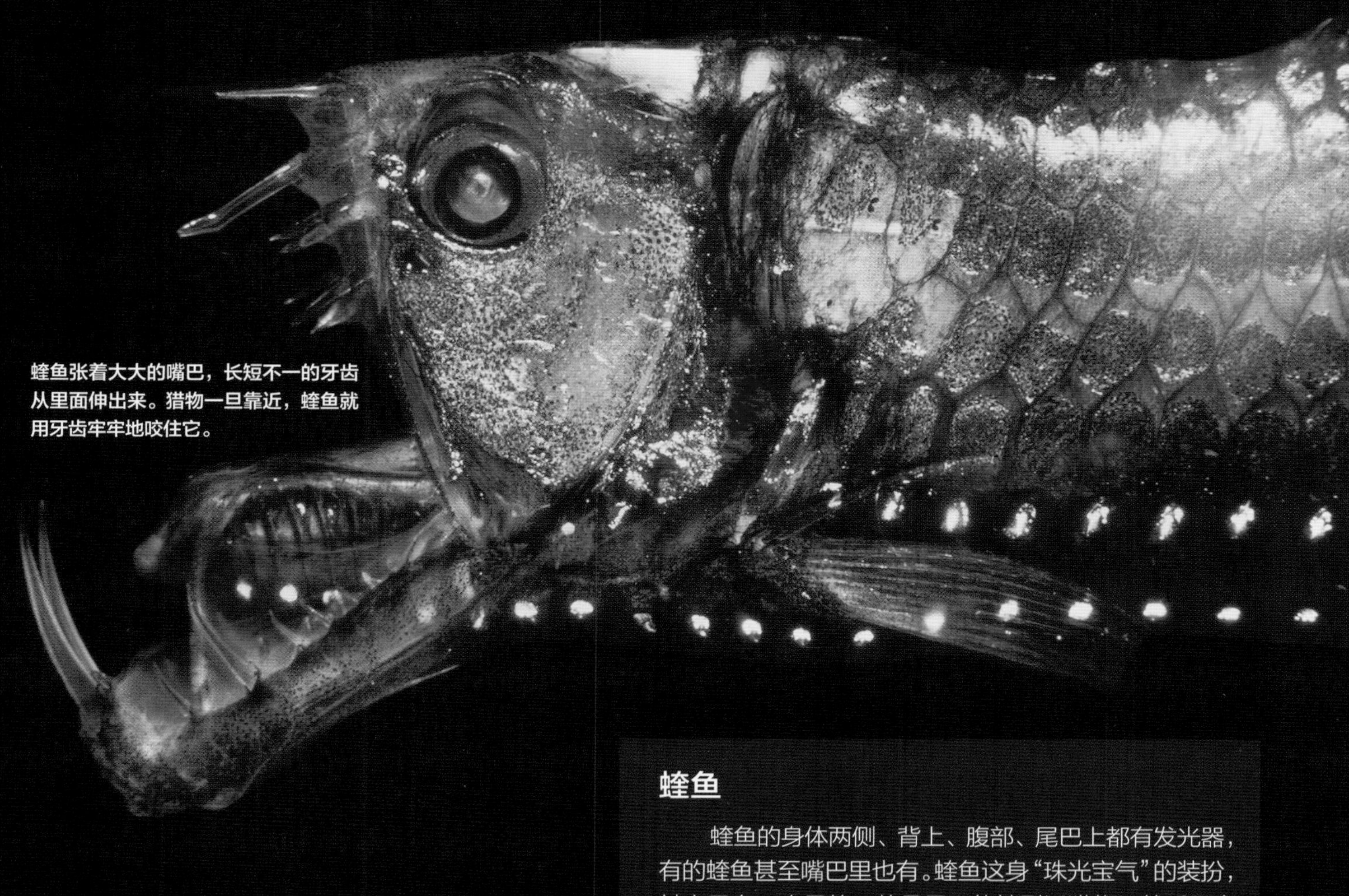

蝰鱼张着大大的嘴巴，长短不一的牙齿从里面伸出来。猎物一旦靠近，蝰鱼就用牙齿牢牢地咬住它。

蝰鱼

蝰鱼的身体两侧、背上、腹部、尾巴上都有发光器，有的蝰鱼甚至嘴巴里也有。蝰鱼这身“珠光宝气”的装扮，其实只有一个目的，就是尽可能地引诱猎物，然后用它那透明的毒牙将其捕杀。有时，蝰鱼会在游间跑到 600 米以上的水域捕食，因为那里的食物相对更多。

疏刺角鮟鱇的身上像是镶嵌着珍珠，也像是外科手术后留下的缝线。这些小珠子是一种感觉器官，它显露在皮肤上，能分析出极为细微的水流变化。

灯笼鱼

全世界约有上百种灯笼鱼，它们大都身材娇小，性情温和，白天生活在深海里，夜晚游到水面。有的灯笼鱼的发光器在尾部，像汽车的尾灯；有的在头部有一个特大的发光球，像我国节日里挂的灯笼。不同种类的灯笼鱼发出的光的颜色也不一样，有的发红光，有的发蓝光，还有的发紫光。

深海世界

大西洋、太平洋 5000m

我们继续下潜，来到距海平面1000~6000米的深海，水温只有2℃，水的压力大得可怕，是正常大气压的几百倍，而海水中的含氧量只有表层海水的1/10。在这样恶劣的环境中，普通的海洋生物是不可能存活的。以前人们认为，深海里没有生命存在，后来人们有条件到深海里去探险考察，才发现那里并不是生命的禁区，相反，在深海世界里生活着鱼类、甲壳类和软体类等许多海洋生物。深海也是一个生机勃勃的生命世界。

为了适应深海中的特殊环境，深海生物的体色多呈红色、黑色或无色。许多深海鱼都长有大大的嘴巴和弯曲的牙齿，它们的视力很差，利用味觉或其他感觉器官来寻找食物。由于深海中的食物稀少，深海生物的体形一般都不大，生长也极其缓慢。

带回海面

深海生物由于长期生活在低温、高压、少氧的环境中，采集上来后很快便会死亡并腐败解体，因此能保留下来的标本极为罕见。

角高体金眼鲷

角高体金眼鲷也叫“尖牙鱼”“食人魔鱼”。这种鱼体形不大，身长只有15厘米左右，却有一个大大的、看起来像野兽的头，非常恐怖。角高体金眼鲷生活在温带和热带的海洋深处，因为食物比较少，它们不怎么挑食，甲壳类和鱼类是它们最爱的美食。

皇带鱼

一般皇带鱼身长3米，最长的能长到15米。皇带鱼主要生活在1000米深的海域，很少在海面露面，以前人们以为它们是大海蛇，是能摧毁一切的海底怪兽。

水滴鱼

水滴鱼的学名是软隐棘杜父鱼，它曾被称为“世界上最丑的动物”。其实水滴鱼的“丑”是为了适应深海海底的生存环境。海底水的压力大，鱼鳔无法有效工作以提供浮力，为了能从海底浮起，水滴鱼的身体没有肌肉，由密度比水还要小的胶状物质组成。缺乏肌肉对水滴鱼来说，不是什么大事。进食时，它只需轻松地张开嘴巴，顺着洋底滑行，吞下飘到嘴边的食物。喜欢在海底活动的习性，给水滴鱼带来了杀身之祸。近年来，由于底拖网渔船的过度捕捞，水滴鱼常常在人们捕捞大型虾蟹时被捕上岸。

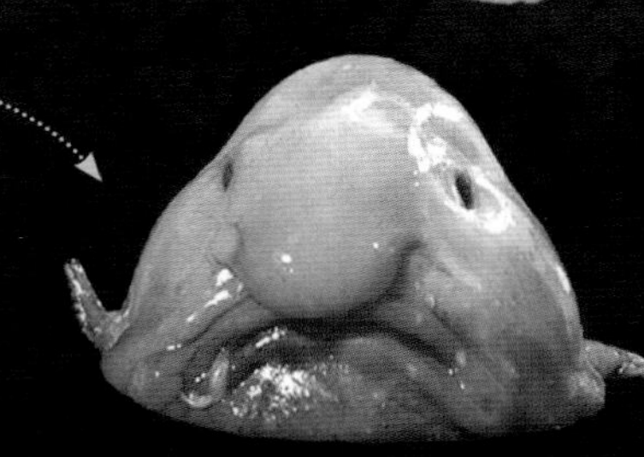

大王酸浆鱿

大王酸浆鱿又称“巨枪乌贼”，典型的深海巨鱿，身长 12~20 米，是世界上最大的无脊椎动物。大王酸浆鱿大多在南极海域的深海栖息，偶尔向北到南非外海活动，大王酸浆鱿不仅比大王乌贼大，也是比它更活跃的掠食者，在深海几乎没有天敌。

长吻银鲛

长吻银鲛分布于大西洋和太平洋。以无脊椎动物和小鱼为主食。平时我们看到它们的机会不多，在渔船进行海底拖网作业时，它们偶尔会随着其他鱼类一起被拖上来。

吞噬鳗

吞噬鳗又叫“宽咽鱼”，它那巨大的嘴巴永远张开着，能轻松吞下比自己大很多的动物，但它们主要的食物还是缓慢游动的小鱼、小虾等。幼年的吞噬鳗生活在 100~200 米深度的光合作用带，成年后则游向海底。

黑叉齿龙螣

黑叉齿龙螣常被发现于深达 750 米以上的深海，以捕食鱼类为生。由于它们的胃非常有弹性，因此常常吞下远比自己的身体大得多的猎物。

下潜的极限

大西洋、太平洋 7000m

事实上，在全球海洋中，大约只有 5% 左右的水体被人类基本探明，占海洋 80% 的深海，对人类来说，基本上属于未知的世界。低温、高压和没有光，这些都为深海探索带来了极大的困难。

在水深超过 30 米的海底，没有经过特殊训练的潜水员就很难承受海水的巨大压力。只有借助潜水器的保护，人类才能在深海里活动。佩戴特殊装备的潜水员能到达水下 600 米的地方，核潜艇的入潜深度有 1000 多米，而无人潜水器能下潜到 10000 米以下的深渊。现今我们了解的少量深海知识，都是由少数勇敢的探险家和探险机器人探索来的。2012 年 7 月，中国深海载人潜水器“蛟龙号”在马里亚纳海沟下潜到 7062 米深处，创下中国载人潜水最深记录。不过人类历史上，下潜最深的记录要追溯到 1960 年。那年，人类深海探险史上的传奇人物雅克・皮卡德完成了他史诗般的深海下潜，创造了世界潜水最深记录 10912 米。

30M

中国“南海一号”宋代沉船沉睡的深度，2007 年被整体打捞出水。

130M

此时肺承受的水压是地面上的 13 倍，经过训练的潜水员才能自由潜水到这个深度而不受伤害。

214M

目前人类自由潜水的极限深度，由澳大利亚人赫伯特尼特斯于 2007 年创造。

600M

潜水员必须穿上抗压潜水服。

1000M

一般核潜艇的下潜深度在 300 米左右，有的也能下潜到 1000 米处。

3810M

1912 年“泰坦尼克”号轮船沉入 3810 米深的海底。

4500M

“阿尔文”号潜水器 1964 年到达的深度。

6000M

无人驾驶潜水器到达的深度。

7062M

“蛟龙号”载人潜水器 2012 年到达的深度。

10912M

目前人类借用潜水工具能到达的海洋最深处。

海底地形

全球海洋 8000m

很久以前，人们认为海洋是个无底洞，和地心相通。后来，人们认识到海洋有底，但他们认为海底和盆底一样平坦。随着人们下潜得越来越深，对海底的了解也逐渐清晰。除了近岸浅海海域外，大多数海底都是一片漆黑，即使借助潜水器和探照灯，我们也只能在极其有限的范围内观察到海底的面貌。幸好有回声测深仪、旁侧声呐等先进的科学仪器，借助它们，我们才大致了解了海底的全貌。其实海底世界远比陆地壮观，那里有比陆地更高的山脉，更深的峡谷，更宽的平原，更剧烈的火山。整个海底可以分为三大地形单元，即大陆边缘、大洋盆地和大洋中脊。大陆边缘是大陆和大洋之间的过渡地带，约占海洋总面积的22%。大洋盆地以深海平原和深海丘陵为主体，占海洋总面积的45%。大洋中脊是地球上最长的山系，纵贯四大洋，首尾相连，多位于大洋中部，占海洋总面积的33%。科学家发现大洋中脊上有一条裂谷，为了揭开海底的地质演变奥秘，科学家曾经多次派遣水下机器人下潜到大洋中脊的裂谷中进行实地勘测。

怎样探索海底

科学家是利用声呐、水下机器人和遥感卫星绘制海底地貌的。在水中，声音的传播距离比光要远得多，通过海底反射的声波信号，科学仪器能在一天之内分析出几千平方米面积的海底地貌，甚至还能分析出海底岩石的性质。

大陆坡

大陆坡是连接大陆架和洋底的部分，它一头连接着大陆，一头连接着海洋。大陆坡是一道巨大陡峭的斜坡，水深从 200 米很快到 2000~3000 米。大陆坡由于隐藏在深水区，因此很少受到破坏，基本保持了古大陆破裂时的原始形态。

海沟

海沟是海底最深的地方，最大水深可达 10000 多米。海沟大多分布在大洋的边缘，是大陆板块与海洋板块相互作用的结果。目前全世界发现的海沟有 24 条，其中水深超过 10000 米的 6 条海沟都位于环太平洋地区。太平洋西部的马里亚纳海沟是世界上最深的海沟，最深的地方有 11034 米。

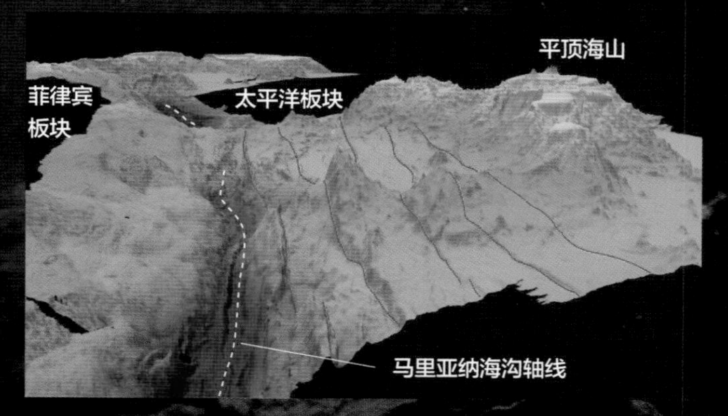

马里亚纳海沟地形图

海底河流

如果把海洋的水全部抽干，你会发现海床上分布着一条条的沟渠，它们是海底河流的河道。海底河流里流淌的水和海水是一体的，只是由于密度或流速与周围海水不同，看上去像是一条河流。海底河流能把有机物质带到深海，为深海里的生命送去营养成分，但也有可能会威胁海底光缆等人工工程的安全。

海底烟囱

大西洋、太平洋　10000m

经过漫长的海洋旅行，我们终于来到海洋的底部——海床。海床的周围寂静、寒冷，但这里并不是一片死寂，偶尔出现在眼前的海蜘蛛、海绵、蠕虫等生物在向我们展示强大的生命力量。这些生物能很好地适应海床环境，它们的眼睛已经退化，身体柔软，在水中缓慢地移动。它们过滤海水和海床泥土里的营养物质，这些物质来自于海水上层沉积下来的食物碎屑。由于散落的食物数量有限，大部分海底就像荒凉的沙漠，但在大洋板块交接的地方，生活着大量的生物，它们的生存依赖地球内部的热量。

在大洋中脊的附近，海底耸立着许多大大小小的像烟囱一样的海底喷泉。烟囱高低粗细各不相同，高的达 100 多米，低的也有几米到几十米。经过科学家研究发现，黑烟囱喷射的海水温度有时高达 400℃，喷出的海水中，富含大量的硫黄铁矿、硫化物等。在黑烟囱的周围，聚集着一些生物，生物种类繁多，有环节类、甲壳类、软体类、须腕类和鱼类等。其中大型的管栖蠕虫状须腕动物，管长可达 5 米；大的蛤贝壳长达 25 厘米。2007 年 7 月，美国的地质学家宣称，他们从深海采集到一些 14.3 亿年前的深海微生物化石，这有力地证明了地球上的生命可能来自于海底。

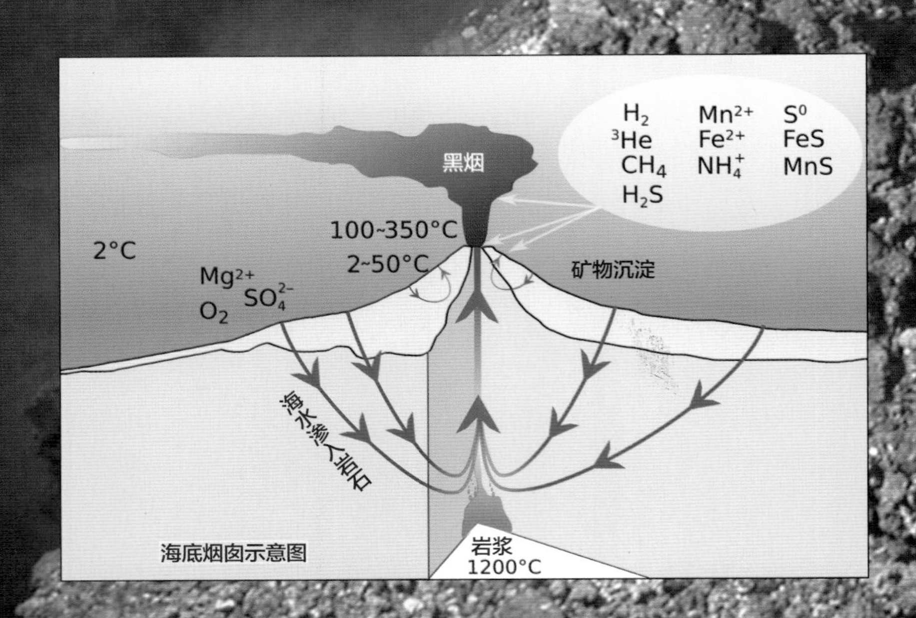

海底烟囱示意图

海底沉积物

海水中的颗粒物不断沉降到海底，形成海底沉积物。在某些海域，沉积物厚度可达 300~500 米。海底沉积物有从陆地上冲刷下来的泥沙；吹落到海面上的灰尘；海洋生物死亡后的残骸。

沉船残片静静地躺在海底沉积物中

蠕虫

蠕虫没有口腔和肛门，靠体内的硫细菌供给营养。个体大有利于一次性大量取食，也有利于迅速运动到达食物源，并能够忍耐长期饥饿。

酷热的黑暗世界，海水压力达几百个大气压，仍有生命在这里顽强生存。

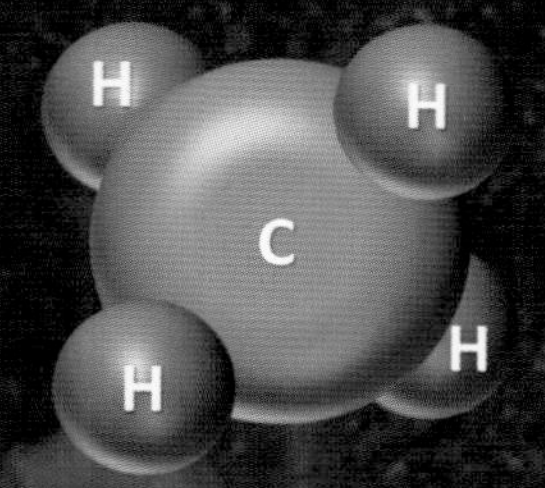

生命的起源

高温高压的黑烟囱附近的生存环境，与早期的地球环境很像，CH_4、CN 等有机分子的大量存在，能满足各类化学反应的发生，为生命的起源提供了可能。有科学家相信，地球上的生命就起源于海底黑烟囱的环境。

深海宝藏

大西洋、太平洋 11000m

1873年，一艘名叫“挑战者”号的英国考察船开始了海上考察。3年后，考察船归来，船员们带回许多新发现的物质，其中一种是从大洋洋底捞上来的像土豆形状的团块，没有人认识它。经过分析，科学家发现这种深褐色团块的主要成分是锰，因为长得像患结核病病人的结核，于是便把它叫作锰结核。后来，美国的海洋学家在东太平洋调查时发现，锰结核在东太平洋洋底广泛存在。不过当时人们对深海里的这种东西没有太多兴趣，直到1959年，美国科学家对锰结核的成分和储量进行分析，锰结核的价值才被世人所认识。在大洋的洋底，还藏着许多宝贝，随着人类社会的发展，陆地上可供利用的资源日益减少，人们把目光转向了大洋深处。据估计，浩瀚的海洋洋底，蕴含着大量的煤、铂、金、铜、铅、锌、铁、银、镍、锡、铀、钼等矿产。如果能把这些深海里的宝藏开采出来，海洋将成为人类最大的资源库。

锰结核

锰结核的主要成分是锰，锰是冶炼特种钢——锰钢的主要原料。锰钢极其坚硬，能抗冲击、耐磨损，大量用于制造坦克、钢轨、粉碎机和屋顶等。锰结核里还含有铜、铁、锡、钴等几十种金属。据估计，太平洋底的锰结核中，锰可供人类使用约3万年，镍可供人类使用2万年，钴可供人类使用30万年，铜可供人类使用900年。

深海热液是大洋中脊的“黑烟囱”喷出的物质。当海水侵入裂隙，经过地球内部高温加热，熔解了地球内部的金属化合物后被喷出来。深海热液富含铁、锰、铅、锌以及金和银等金属元素，是一种非常有价值的矿藏。

可燃冰

在大洋底部，有一种外形像冰的矿物，遇火就能燃烧，所以科学家称它为“可燃冰”。可燃冰是天然气和水结合在一起，在海底高压低温的条件下形成的白色透明的结晶体。可燃冰燃烧时产生的污染比煤、石油和天然气都要小得多。据估计，海底可燃冰分布的范围占海洋总面积的10% 左右，储量足够人类使用 1000 年，是海底最有价值的宝藏之一。

镍

锡

铀

钼

海底的扩张

全球海洋 15000m

如果你有一个地球仪，在地球仪上找到南美洲东海岸和非洲西海岸，你会发现，南美洲东海岸凸出的部分和非洲西海岸凹陷的部分基本可以完美地拼接在一起。科学家很早就发现，虽然南美洲和非洲之间隔着宽广的海洋，但在两个大洲上，有相近的古生物化石。有的科学家据此猜测：很久很久以前，南美洲和非洲是连接在一起的，后来不知什么原因，它们被迫分离，变成如今这样隔海遥遥相望。

1912 年，德国科学家魏格纳提出了大陆漂移的假说。后经过数十年大量的研究表明，我们居住的大陆确实能够漂移。魏格纳认为，大约在 2.4 亿年前，地球上的大陆是汇聚在一起的，地质学上叫“泛大陆”。在泛大陆周围则是泛大洋。经过漫长的岁月，泛大陆开始解体、分裂，分裂的陆地就像浮在大洋上的轮船，不断向外漂移。漂移的过程持续到距今二三百万年前，大致形成现在大洋和大陆的分布格局。到了 20 世纪 50 年代，科学家通过对海底地磁场进行的测量和研究发现：不仅陆地在移动，海底也在不断地更新和扩张。在大洋底部的中脊，地壳向两侧移动、裂开，同时地下岩浆上升涌出，冷却后形成了新的洋底。20 世纪 70 年代，科学家把大陆漂移学说和海底扩张研究结合起来，提出了板块构造的理论：地球的表层是由若干个坚硬的板块合并而成的，就像浮在海面上的冰山，在熔融的地幔岩浆上漂浮运动。板块之间有时会发生碰撞、滑动等运动，从而形成火山爆发、地震等灾害。

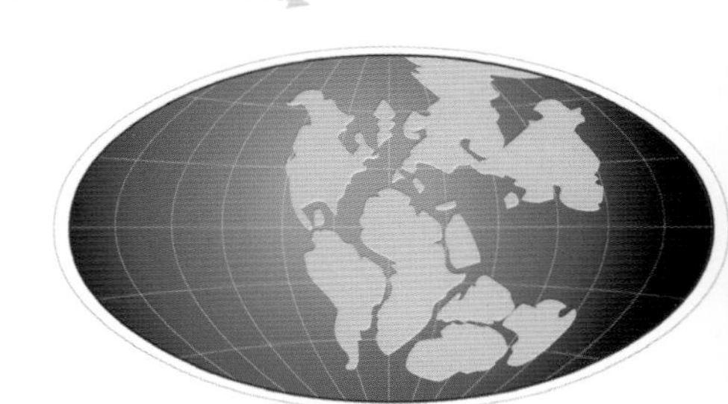
1.5 亿年前的地球

2 亿年前，泛大陆开始分裂。

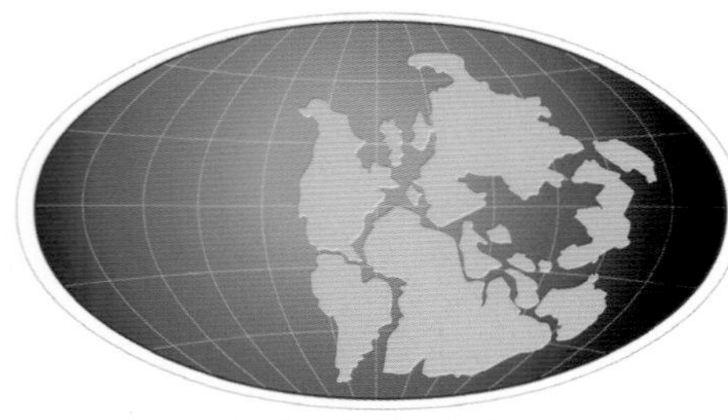
2.4 亿年前的地球

六大板块

科学家把全球地壳划分为六大板块：太平洋板块、亚欧板块、非洲板块、美洲板块、印度洋板块（包括大洋洲）和南极洲板块。其中除太平洋板块几乎全为海洋外，其余五个板块既包括大陆又包括海洋。六大板块还可以分为二十几个小版块。

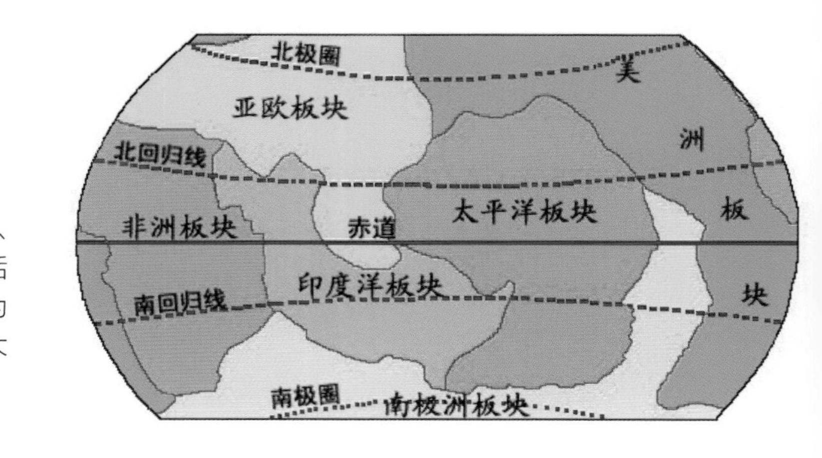

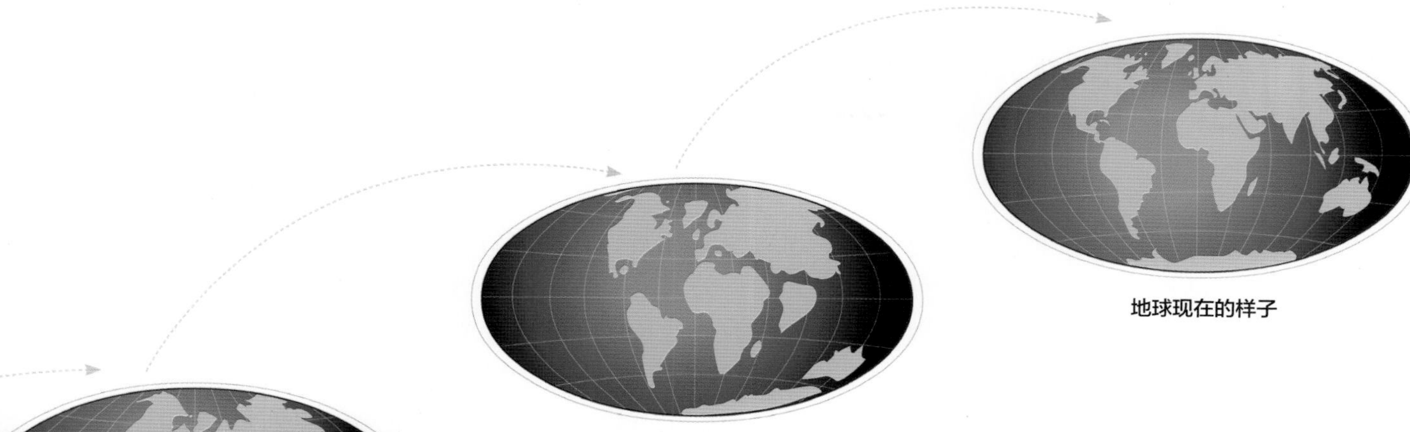

1亿年前，大西洋开始扩张。

5000万年前，地球上的几大洲基本形成。

地球现在的样子

海底火山爆发

海底火山分布广泛，海底散布的许多圆锥山都是海底火山喷发后留下的杰作。岩浆从海底喷涌出来，形成的火山高度有几千米，浸没在海水里的称作海山，露出海面的部分是火山岛。有时火山位于水浅的海底，喷发时有壮观的爆炸场面。爆炸会产生大量的气体，主要是来自地球内部的水蒸气、二氧化碳及一些挥发性物质。

海啸

海啸是一种破坏力非常大的海洋灾害。海啸通常是由海底发生地震或火山爆发引起的。海啸所含的能量非常大，掀起的巨浪能形成几十米高的水墙，然后以很快的速度冲向岸边。海水以摧枯拉朽之势，跨过海岸线，越过田野，迅猛地袭击着岸边的城市和村庄，给沿岸地区带来毁灭性的破坏。2004年12月26日，印尼苏门答腊以北的海底发生9.3级地震，随后引发的大海啸，袭击了十几个国家和地区，在这次地震和海啸中，有22.6万人死亡或失踪。

海啸常给在海边生活的人们带来危害

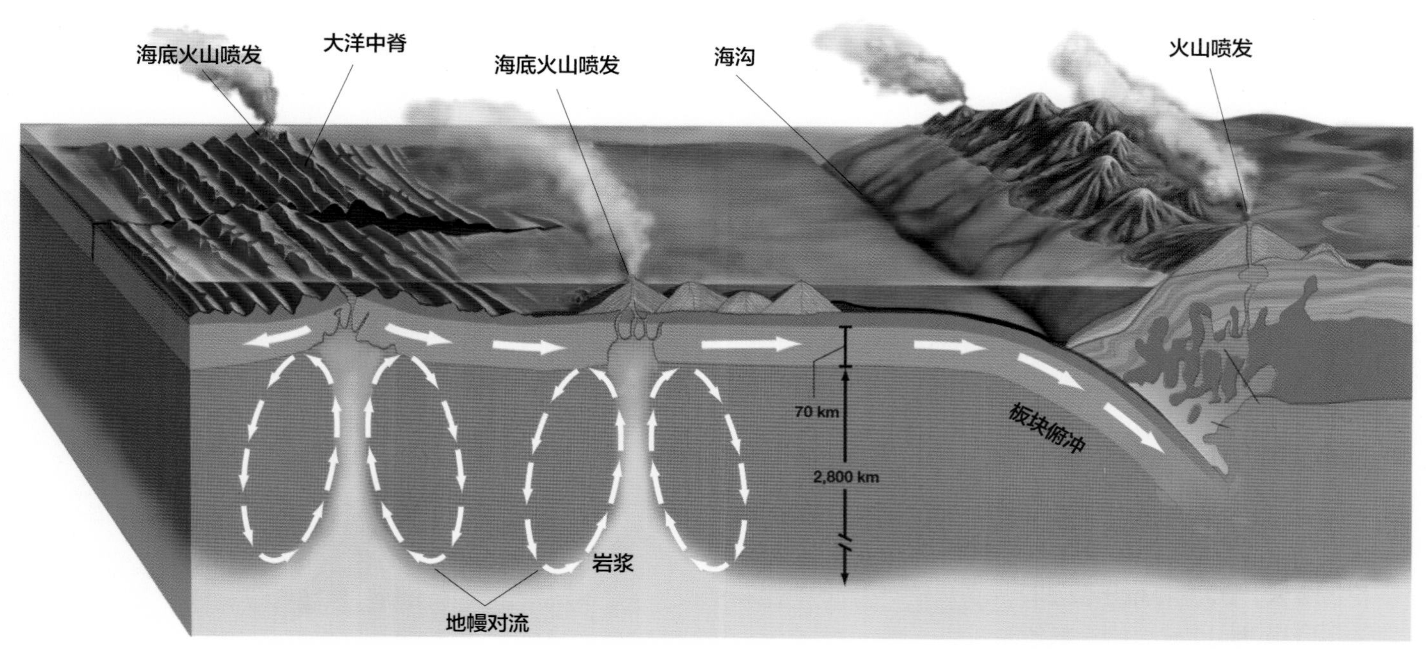

地心之旅

全球海洋 6371km

人类对脚下地球的探索要远远难于对头顶太空的探索。在我国古代，由于人们的活动范围很小，只看到自己生活的一小块地方，于是古人以为脚下的大地是像棋盘一样四四方方的平整一块。古代埃及人以为大地是一个四方的盒子，而古印度人认为大地是由站在海龟背上的三头大象驮着。后来人们慢慢意识到这些认识是错误的。随着 16 世纪的地理大发现，人们才逐渐认清地球的形状。

在认清了地球的形状后，人们对地球的内部产生了好奇。有的人认为地球的里面是一片汪洋；有的人认为地球的内部是空心的，里面住着其他人类。人们常说："上天有路，入地无门。"人类可以乘坐宇宙飞船到太空实地考察，或通过望远镜去探索太空。但目前人类还没有办法直接观察到地球内部的面貌，我们所了解的地球内部知识是靠科技手段推测出来的。其中最直接的办法莫过于向地下钻孔，钻孔能获得地球内部的实物样本，但目前陆地上最大的钻井深度也不过 10000 多米。如果把地球比作一只苹果，这个深度相当于苹果皮还没有被刺穿。由于大洋洋底的地壳比陆地地壳薄得多，因而科学家寄望于在大洋洋底把地壳钻穿，到达地球更深处。无论如何，利用钻井的方法只能让我们了解地球的表层情况，目前，我们对地球深处的了解几乎全部来自地震波。就像对人体进行 CT 扫描能看清身体内部的情况一样，利用地震波的传播特点，科学家能分析出地球内部的结构，准确绘制出地球内部的地图。

科学家还能根据火山喷发的物质来推测地球内部的物理性质和化学组成，通过监测大气中中微子穿过地球时被吸收程度的大小，来研究地球的内部构成。通过对地球内部结构的了解，我们可以简单描述地心之旅的过程：首先，我们穿过一层坚固的岩石层，看到熔融的岩浆。越过岩浆的地盘，我们又遇到固体的岩石，这次我们将在岩石中穿梭很长一段距离，直到看到液态的物质。从这里开始，就属于地心的范围了。如果我们继续向下，将看到液态物质包裹着一个固态的核。

地心温度为 4000~5000℃，压力极高，在这种恶劣的环境中，当然不可能有生命存在。

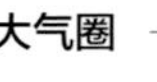

海洋地壳

地壳是地球最外面的一层岩石薄壳。海洋的地壳厚度和陆地的地壳是不一样的，海洋地壳更薄，平均厚度大约 7000 米；陆地地壳稍微厚点，平均厚度大约 35000 米。

最深的钻孔

科拉超深钻孔曾经是世界上最深的钻孔，其深度为 12262 米。2008 年卡塔尔的阿肖辛油井深度达到 12289 米，2011 年位于俄罗斯库页岛的一处油井钻深达 12345 米。

以化学成分分类的地球圈层

以物理性质分类的地球圈层

水圈

固态

100km

岩石圈

流质

700km

软流圈

固态

硅酸盐

地幔圈

2900km

液态

外核液体圈

5100km

固态

含镍和硫的铁

固体内核圈

6371km

地壳

地幔

外地核

内地核

熔融的岩浆

岩浆是熔化了的岩石，位于地幔，地幔是地壳和地核之间的一层，厚度从地壳下表面到地下约 2900 千米处。在地球内部高压力的驱动下，岩浆从地球内部上升到地表附近，岩浆上升过程中，有的冷却后，成为地壳内的岩石，有的喷出地表，就形成了火山爆发。

古老的熔岩湖

位于埃塞俄比亚的尔塔阿雷火山是一座古老的活火山。火山口持续不断翻腾着炽热的岩浆，并由此形成了尔塔阿雷熔岩湖，这是世界上仅存的 5 个熔岩湖之一。尔塔阿雷熔岩湖附近是世界上环境最恶劣的地方之一，但每年还是吸引着世界各地的游客，人们在那里真切地感受到地球内部的力量。

海洋污染

全球海洋 0~20m

至此，我们的海洋之旅即将结束了。我们领略过海洋的壮美景象，认识了海底深处许多奇异的生物。无法想象，失去了海洋，我们这个世界将变成什么模样。

2010 年 4 月 20 日，美国墨西哥湾一处钻井平台突然发生爆炸，大量的原油侵入海洋。风平浪静的墨西哥湾海面，被锈色的原油覆盖，大面积的海域被污染。据估计，墨西哥湾原油泄漏事件中共有 400 多万桶原油流入海洋，浮油面积约 2.3 万平方千米，浮油威胁着近 600 种海洋生物的生存。

对于我们来说，海洋是一座宝库。我们从海洋里获得丰富的食物，大量的资源。海洋也是一个大垃圾箱，工业和农业废水、生活污水、垃圾等通过河流源源不断地流进海洋。从远古以来，辽阔的海洋宽容地接纳了从陆地流进的各种物质，保持着自身生态系统的稳定。然而，随着近几十年经济的发展，人类对海洋的污染和破坏日益加剧，海洋已经没有能力自我修复了。海洋的环境正在发生变化，海洋生物的生存遭到了威胁。

海洋不仅是海洋生物的家园，也对地球的环境和气候起着巨大调节作用。失去了海洋，人类也将不复存在。

由于海水受到污染，海洋里的鱼类大量死亡。

海洋生物误食海洋里的垃圾，变得消化不良、行动异常，甚至死亡。垃圾中的重金属和有毒的化学物质也有可能进入海洋生物的体内，最终到达人类的餐桌上，从而威胁人体健康。

海洋垃圾

每天大约有 800 万件垃圾被扔进海洋。这些垃圾中，塑料制品占一大半，其次为木制品。大部分海洋垃圾沉入了海底，只有少量的垃圾漂浮在海面。

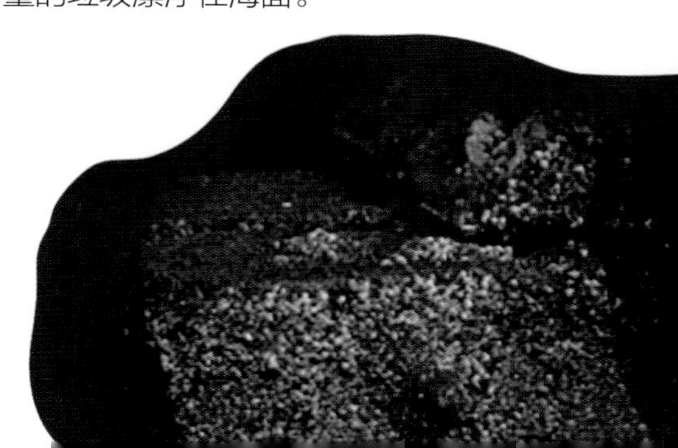

海洋酸化

人类燃烧的煤炭、石油和天然气，排放出大量的二氧化碳，其中 1/3 进入了海洋，使海洋酸化。海洋酸化会导致珊瑚大面积死亡，珊瑚礁附近的海洋生物也将失去栖息地。

海洋石油污染

海洋石油污染主要来自人类的活动，如船舶运输和海上油田开采时的泄漏、沿岸工业排污等。石油在海面不断扩散，形成油膜，阻挡了海水与大气的接触，使海水中氧气含量减少，造成鱼、虾因缺氧而死亡。石油中含有的有毒物质还能导致附近的海洋生物死亡或外迁。

生物修复技术

生物修复技术是利用某些微生物、生物和游离酶等的降解与消化来清除环境中的污染物。生物修复技术不影响环境生态平衡，也不会产生二次污染，因而受到许多国家的重视。在海洋污染治理中，可以利用微生物降解海底泥沙中的有害物质；可以利用藻类的光合作用吸收海水中的氮和磷等；可以利用牡蛎、贻贝等贝类的虑食作用减少水中的有机污染物；可以利用某些生物体内金属硫蛋白能结合重金属的特性，减少海洋中的重金属污染等。

赤潮

向海水中排放大量的氮、磷等物质，会使部分海域的海水营养化过度，导致甲藻类浮游生物迅猛繁殖，把海水染成不同的颜色，这种现象被称为“赤潮”。赤潮会引起海洋生物大量死亡，打破海洋生态平衡。

未经处理的工业废水排入海洋，使海水变深变臭。

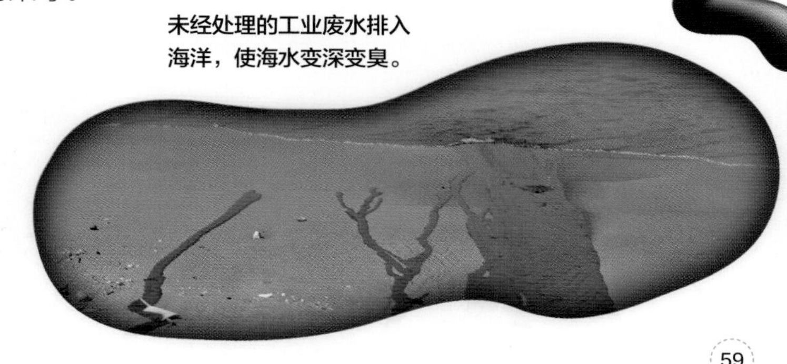

请保护它们

中国海域 0~500m

虽然我们的旅行已经结束了，但海洋生物的境遇让我们糟糕的情绪难以平复。由于全球气候变暖，导致海洋生物的生存环境发生变化，再加上人类对海洋空间的挤占、海洋污染和非法捕捞，海洋生物的处境越来越艰难。人类贪婪地攫取海洋资源的同时，也造成了海洋生物的数量减少，甚至消亡。

中国海域包括渤海、黄海、东海、南海和台湾以东部分海域，具有丰富的海洋和海岸生态系统。中国海域海洋生物共记录到 59 门类 28000 余种，海洋物种数约占全球已知海洋物种数的 13%，仅次于澳大利亚和日本。中国很早就开始参与国际生物多样性保护行动，编制了《中国海洋生物多样性保护行动计划》，建立了 30 多个国家级海洋自然保护区和多处海洋特别保护区，以保护海洋生态环境和海洋珍稀濒危生物。

中华鲟

★ 国家一级保护动物

东海、黄海、长江流域

中华鲟是现存世界上最原始的鱼类，一亿四千万年前就已经在地球上出现。它的身上至今还保留着一些原始特征，对鱼类的起源和进化的研究有重要价值。目前，仅在中国还有中华鲟存活。

儒艮

★ 国家一级保护动物

北部湾的广西沿岸、广东和台湾南部以及海南岛西部沿海

中华白海豚

★ 国家一级保护动物

厦门的九龙江口和广东珠江口海域

鹦鹉螺

★ 国家一级保护动物

台湾、海南岛和南海诸岛均有发现

江豚

☆ 国家二级保护动物

📍 渤海、黄海、东海、南海和长江

座头鲸

☆ 国家二级保护动物

📍 黄海、东海、南海

斑海豹

☆ 国家二级保护动物

📍 主要在渤海、黄海和东海偶有发现。

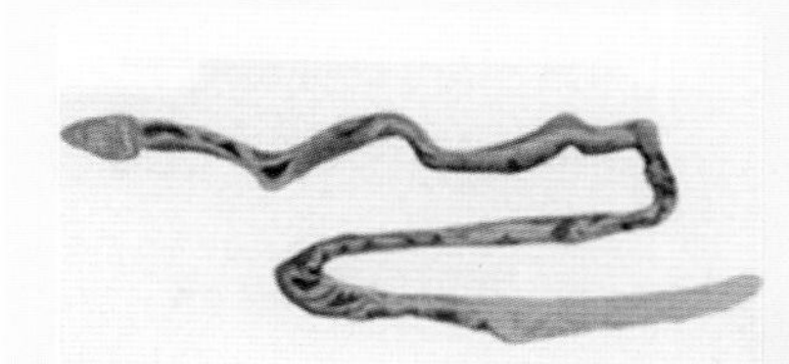

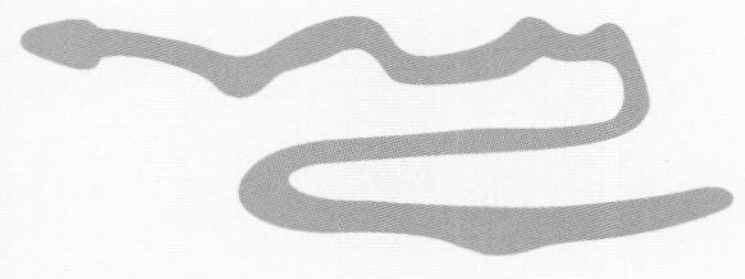

多鳃孔舌形虫

★ 国家一级保护动物

📍 从渤海北部至黄海南部的潮间带

多鳃孔舌形虫的身体柔软、细长，外表看上去像小蛇或大蚯蚓。多鳃孔舌形虫和黄岛长吻虫一样，都是我国特有的物种。多鳃孔舌形虫是介于无脊椎动物和脊索动物之间的一类动物，对研究动物的系统进化及生物多样性的保护具有重要的作用。

红珊瑚

★ 国家一级保护动物

📍 台湾沿海及南海诸岛海域

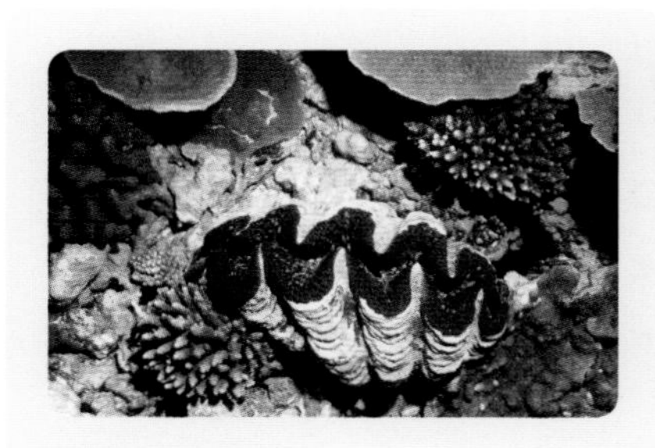

库氏砗磲

★ 国家一级保护动物

📍 海南岛及南海诸岛海域

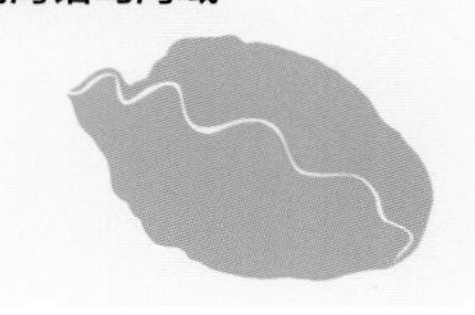

短尾信天翁

★ 国家一级保护动物

📍 福建沿海、台湾岛及澎湖列岛

白腹军舰鸟

★ 国家一级保护动物

📍 广东沿海岛屿

图书在版编目(CIP)数据

海底深处/程力华主编. 一合肥:安徽大学出版社,2016.4(2020.6 重印)

(走!我们一起去看世界)

ISBN 978-7-5664-0568-5

Ⅰ. ①海… Ⅱ. ①程… Ⅲ. ①海底一少儿读物 Ⅳ. ①P737.2—49

中国版本图书馆 CIP 数据核字(2016)第 013646 号

海底深处 程力华 主编

出版发行:北京师范大学出版集团
安 徽 大 学 出 版 社
(安徽省合肥市肥西路 3 号 邮编 230039)
www.bnupg.com.cn
www.ahupress.com.cn

印　　刷:旭辉印务(天津)有限公司
经　　销:全国新华书店
开　　本:215 mm×275 mm
印　　张:4
字　　数:90 千字
版　　次:2016 年 4 月第 1 版
印　　次:2020 年 6 月第 2 次印刷
定　　价:24.80 元
ISBN 978-7-5664-0568-5

策划编辑:汪迎冬　　装帧设计:参天树
责任编辑:汪迎冬　　美术编辑:李　军
责任校对:程中业　　责任印制:李　军